AF501442

APICULTURE MOBILISTE

Tout exemplaire non revêtu de la griffe de l'auteur sera réputé contrefait.

TRAITÉ

THÉORIQUE ET PRATIQUE

D'APICULTURE

MOBILISTE

PAR

T. SOURBÉ

PARIS

A. QUANTIN, IMPRIMEUR-ÉDITEUR

7, RUE SAINT-BENOIT

1880

Bordeaux, 15 décembre 1879.

A MONSIEUR SOURBÉ

MONSIEUR,

J'ai lu avec un vif intérêt les excellents articles d'apiculture que vous avez publiés dans la REVUE DES INDUSTRIES ET DES SCIENCES CHIMIQUES ET AGRICOLES, *et que vous avez bien voulu me communiquer. Vous m'avez exprimé le désir d'avoir mon opinion sur l'opportunité qu'il y aurait à donner à ce travail une plus grande publicité en le reproduisant en un volume. Je ne puis que vous engager fortement à le faire. Je suis persuadé que vous rendrez ainsi un véritable service aux apiculteurs, qui trouveront en vous un guide d'autant plus sûr que, dégagé de toute idée préconçue, il s'efface constamment devant les faits et laisse toujours la parole à l'expérience. Vous aiderez puissamment à la vulgarisation des nou-*

velles méthodes apicoles, qu'il serait si désirable de voir se propager en France. J'ajouterai qu'une chose m'a surtout frappé dans la lecture que je viens de faire; c'est la clarté de l'exposition, qualité partout nécessaire, mais qui n'a nulle part plus de prix que dans un ouvrage didactique.

Veuillez agréer, etc.

J. PÉREZ,

Professeur de zoologie à la Faculté
des sciences de Bordeaux.

INTRODUCTION

I

La France devrait être un des premiers pays apicoles du monde, — le premier même, grâce à ses possessions d'Afrique, si riches en sève, qui ne demandent qu'à être exploitées. — Elle n'occupe pourtant qu'un rang secondaire : — elle vient après l'Allemagne, qui s'est lancée avec ardeur dans l'apiculture, et qui nous fournit des hydromels alors qu'elle devrait en recevoir de nous; — nous passons après l'Amérique, qui nous expédie pour plus de vingt millions de miel, alors que la France devrait lui disputer la prépondérance sur tous les marchés de l'Europe, notamment en Angleterre, qui, elle aussi, vient tout récemment de se livrer à la culture des abeilles. Notre pays passe enfin après l'Italie, qui nous fournit des butineuses jaunes. Nous serons bientôt peut-être tributaires de la Suisse, voire même du Canada, si, à leur exemple, nous ne nous hâtons pas de rompre avec la routine, en introduisant l'enseignement de l'Apiculture rationnelle dans le programme de nos écoles normales, de nos écoles primaires de campagne, de nos écoles d'agriculture, qui enseigneraient ainsi aux populations rurales qu'il coule des fleurs, sous forme de sucre, du vin dont les abeilles seules peuvent faire la récolte.

Un pareil état d'infériorité, si déplorable pour la richesse nationale, doit cesser au plus tôt; aussi n'est-il que temps de placer chez nous l'apiculture rationnelle au rang qu'elle mérite parmi nos grandes industries agricoles, — rang qu'elle occupe déjà avec honneur, comme nous l'avons dit, en Amérique, en Allemagne, en Italie, en Suisse et au Canada.

C'est précisément pour concourir, dans la mesure de nos forces, au relèvement apicole de la France, que nous avons écrit un traité sur les nouvelles méthodes, en bravant d'avance les injures et les railleries que ne manqueront pas de nous adresser les routiniers, dont nous venons heurter les préjugés séculaires. Nous l'avons écrit parce que nous avons cru remplir un devoir de patriotisme. Nous l'avons écrit pour tout le monde. Nous l'avons écrit surtout pour les instituteurs primaires, qui, tout en aidant à une œuvre de vulgarisation, trouveront dans la culture des abeilles, en même temps qu'une distraction, de lucratifs profits ; c'est-à-dire le moyen de grossir, de doubler même leurs modestes ressources.

Que faudrait-il pour leur permettre d'atteindre ce dernier but?.... Une seule chose : — Que l'État consentît à leur faire des avances relativement insignifiantes, que les instituteurs rembourseraient, en peu de temps, au centuple.

Un instituteur primaire, nul ne l'ignore, gagne tout juste de quoi ne pas mourir de faim. L'apiculture rationnelle lui procurerait du moins l'aisance qu'il n'a pas, tout en lui permettant, dans des cours familiers, d'instruire les populations rurales qui l'entourent. Dès lors, pourquoi ne pas lui fournir les moyens d'atteindre ce but désirable, surtout si les avances à faire ne constituent pas un sacrifice ? Est-il permis de douter des bons résultats qu'on retirerait de cette mesure ?... Nous laissons à nos lecteurs le soin d'en juger en étudiant notre livre.

Jusqu'à ce jour, l'apiculture a plutôt été considérée comme une branche accessoire de l'agriculture que comme une sérieuse source de revenus. Cette science, qu'on peut, jusqu'à un certain point pourtant, appeler exacte, a fait de tels progrès depuis huit ou dix ans à peine, qu'elle est appelée à révolutionner l'agriculture et peut-être à empêcher, du moins en France, un morcellement trop exagéré de la propriété foncière.

Avant de démontrer d'une façon irrécusable que l'apiculture *rationnelle* doit prendre rang parmi nos grandes industries nationales, comme pouvant rivaliser, au point de vue du rendement, avec toutes les autres branches de l'agriculture; avant de prouver qu'elle peut devenir un obstacle au morcellement trop excessif des terres, il n'est pas sans intérêt de faire ressortir, tout d'abord, l'intérêt qui s'attache, pour l'agriculteur, à la seule présence des abeilles sur le sol qu'il cultive.

Le rôle que jouent, en effet, les abeilles, dans la fécondation des fleurs est immense. La production en graines des crucifères (colza, navette, raves, choux, etc.) et des légumineuses des prairies artificielles retire un profit considérable de la présence des abeilles, qui transportent le pollen d'une fleur à une autre, et le déposent d'une manière inconsciente sur le stigmate d'une fleur différente, soit de la même plante, soit d'un autre pied de la même espèce.

Les expériences de M. Darwin prouvent surabondamment l'utilité du rôle que jouent les abeilles dans cette fécondation. — Vingt têtes de trèfle blanc (*Trifolium repens*, Linn.) visitées en toute liberté par les abeilles lui donnèrent 2,290 graines, tandis que sur vingt têtes rendues inaccessibles aux abeilles au moyen d'un filet, plus des deux tiers demeurèrent stériles. De même vingt têtes de trèfle rouge (*Trifolium pratense*, Linn.) lui fournirent 2,700 graines, et aucune sur vingt autres recouvertes d'une gaze.

M. Darwin a repris ses expériences avec le pied-d'alouette des blés (*Delphinium consolida*). Il a trouvé :

Un poids de 170 grammes de graines produites par un certain nombre de fleurs protégées par un filet;

Un poids de 350 grammes de graines produites par le même nombre de fleurs visitées par les abeilles.

M. Gaston Bonnier dit, de son côté, que si l'on fait germer les premières graines et les secondes, on constate le plus souvent une grande différence de vigueur chez les individus qu'elles produisent. M. Bonnier explique ce phénomène par les effets de la consanguinité chez les unes, et chez les autres par le croisement des espèces opéré par les abeilles. D'après lui, les graines provenant de la fécondation croisée donnent toujours des individus beaucoup plus robustes que ceux qui poussent à la suite d'un semis de graines d'autofécondation. Les expériences ont été faites avec beaucoup de soin sur les *Ipomæa*, *Mimulus*, etc.

Il résulte de ce qui précède, qu'au seul point de vue de la fécondation des plantes les abeilles doivent être considérées comme un des plus puissants auxiliaires de l'agriculture. Il est hors de doute, d'après M. Gaston Bonnier, que l'autofécondation continue donnerait des graines de plus en plus mauvaises, des individus de plus en plus malingres, et appauvrirait l'espèce jusqu'à la détruire.

A l'appui de l'opinion qu'il exprime sur le rôle que les abeilles jouent dans la fécondation des fleurs, M. G. Bonnier cite deux faits remarquables : 1° les vanilles, transportées à Haïti, ne donnèrent de fruits et de graines qu'après l'introduction des abeilles dans l'île, et la culture put alors seulement s'en répandre; 2° de même, en Australie, le trèfle incarnat n'a donné de graines que depuis l'introduction des abeilles.

Voilà donc un côté de la question qui, on en conviendra, n'est pas sans importance. Il justifierait, à lui seul, la nécessité de cultiver les abeilles sur tous les points de la France. — Mais là ne se borne pas encore le profit considérable qu'on peut retirer des ruches.

Nous avons dit que l'apiculture *rationnelle* pouvait rivaliser, au point de vue du rendement, avec toutes les autres branches de l'agriculture, et qu'elle pouvait en outre empêcher un morcellement trop excessif de la propriété foncière.

Essayons de le prouver.

On sait que, dans une grande partie de la France, depuis que la propriété foncière a été morcelée, l'agriculture n'y est plus accessible qu'aux gens riches ou à ceux qui travaillent le sol de leurs mains. Cette situation, dont on ne se préoccupe pas assez, est un obstacle sérieux pour le développement du progrès.

Les premiers, qui ont une position acquise, se soucient peu de compromettre leur fortune en se livrant à des expériences agricoles, que le temps consacré aux plaisirs de la vie ne leur permet pas de surveiller par eux-mêmes, — chose indispensable pourtant, dans la majeure partie des cas, pour le succès de pareilles entreprises.

Les seconds, rompus de fatigue par le rude labeur des champs, sont mal disposés pour aborder les études scientifiques indispensables à la bonne conduite de leur propriété.

Quant à cette catégorie d'hommes jeunes et instruits, qui embrassent une carrière pour se créer un avenir, l'agriculture leur est fermée. Quelques-uns tout au plus, qui constituent une exception, peuvent trouver un emploi de régisseur sur quelque vaste domaine; mais, comme les grands propriétaires, qui seuls peuvent attacher des hommes de valeur à la culture des terres, diminuent tous les jours, nous avons raison de dire que l'agriculture est fermée à la jeunesse instruite et laborieuse. Si ces jeunes gens, qui sont les vrais pionniers du progrès, voulaient affronter, à leurs risques et périls, la culture des champs, ils ne rencontreraient que des déboires et peut-être la ruine au bout de leurs efforts.

Ils auraient beau multiplier leur surveillance; le manque de crédit et l'élévation du prix des terres, joints à la cherté de la main d'œuvre, ne leur permettraient de retirer que de deux à deux et demi pour cent de leur capital, sans aucune rétribution pour leurs propres peines.

D'un autre côté, la surveillance d'un petit patrimoine ne pouvant occuper tout leur temps, l'oisiveté et l'isolement de la vie champêtre ne tarderaient pas à les transformer en désœuvrés, qui s'en iraient peut-être consommer leur perte dans des plaisirs ruineux.

Grâce à l'apiculture rationnelle, qui ne peut donner son maximum de revenus que lorsqu'elle est dirigée par des hommes instruits, possédant des connaissances qui ne s'acquièrent qu'à la suite d'études sérieuses, ces jeunes gens qui, aujourd'hui, vont s'entasser et végéter dans les bureaux des administrations et les comptoirs de nos villes manufacturières, peuvent sans crainte entreprendre l'exploitation d'un petit domaine. Tout en surveillant les travaux des champs confiés à des mains mercenaires, ils se livreront, de leur côté, à l'éducation des abeilles; ils doubleront leurs revenus et trouveront ainsi l'aisance, même la fortune, là où, naguère encore, les attendait une ruine à peu près certaine.

Pour donner une idée de l'importance du revenu qu'ils pourront ainsi obtenir, il nous suffira de faire à grands traits l'historique de la question.

II

Il y a dix ans à peine, un nommé Harbison, apiculteur fort distingué des États-Unis, exerçait son industrie aux environs de Philadelphie. Il cultivait alors, comme tous les apiculteurs intelligents de cette époque, la ruche dite à *hausses*, qui est déjà à la ruche vulgaire, encore employée par la majeure partie des apiculteurs français, ce que les chemins de fer sont aux anciens modes de transport les plus primitifs.

Son industrie était des plus florissantes lorsqu'il apprit qu'une nouvelle ruche, bien supérieure aux siennes, avait été inventée par Langstroth, célèbre dans le monde apicole. C'était la ruche à *rayons mobiles.*

Le mobilisme des rayons avait été tenté bien longtemps avant Langstroth; mais il était réservé à cet apiculteur, ainsi qu'à Dzierzon, de faire passer l'apiculture, dite mobiliste, du domaine de la théorie à celui de la pratique.

Quoi qu'il en soit, cette ruche, qui permet d'inspecter les rayons couverts d'abeilles, absolument comme on feuillette les pages d'un livre ouvert, fut particulièrement critiquée par les routiniers français. C'est, du reste, le sort des grandes découvertes qui, surtout lorsqu'elles sont dues à des Français, ce qui pourtant n'était pas ici le cas, sont forcées, à leur début, d'aller demander l'hospitalité à l'étranger. Elles nous reviennent plus tard, après avoir fait le tour du monde et la fortune des premiers exploitants. Voilà pourquoi la France, au point de vue apicole, et en attendant qu'elle les dépasse, vient après l'Allemagne, l'Amérique, l'Italie et la Suisse, qui, de même que le Canada, a créé des chaires pour l'enseignement des nouvelles méthodes apicoles.

Bref, Harbison, en homme avisé, sut entrevoir du premier coup d'œil tous les avantages qu'on pouvait retirer du *mobilisme* des rayons. Pour lui, la ruche à rayons fixes avait fait son temps : elle n'avait été que la première étape du progrès ; le *mobilisme*, désormais, devait fournir à l'apiculture le moyen de tripler ses revenus annuels, tout en conjurant la plupart des mauvaises chances qui font de l'apiculture à rayons fixes un métier peu sûr et, par suite, peu recherché.

La découverte de Langstroth fut donc pour Harbison une véritable révélation, appelée à révolutionner l'apiculture et à la faire passer du dernier au premier rang des industries agricoles. Un avenir de dollars luisit devant ses yeux, et un plan pour atteindre la fortune fut vite construit dans son esprit. Il s'agissait seulement de trouver à la nouvelle industrie un cadre digne d'elle, dans lequel elle pût librement se développer et prendre une immense extension. Il pensa que la Californie, avec son climat tempéré et ses hivers doux, lui permettrait de réaliser le vaste programme qu'il avait conçu.

« Il partit pour explorer le pays et revint, dit l'*American bee Journal,* qui raconte le fait, après avoir dépensé à cette exploration 3 ou 4,000 francs. Il se procura 400 colonies d'abeilles italiennes en ruches à rayons mobiles, et les emmena sur les bords du Pacifique. On peut évaluer cette dépense à 30,000 francs. Le trajet fut long; il n'y avait pas alors de chemins de fer.

« En arrivant, il trouva toutes ses abeilles mortes. Mais le Yankee n'est pas homme à se décourager pour si peu. Il revint à la charge, acheta 300 colonies et repartit.

« La majeure partie de ces 300 nouvelles ruches était également morte avant l'arrivée. Les survivantes devinrent pour la plupart loqueuses [1].

« Heureusement que, grâce au rayon mobile, il put lutter contre la loque. Sa tentative fut enfin couronnée de succès. »

Aujourd'hui, en effet, Harbison passe pour le plus grand producteur de miel du monde.

En 1875, il était déjà propriétaire de quinze cents colonies italiennes (*A. ligustica*) de beaucoup supérieures à nos abeilles communes (*A. mellifica*).

Il retira de ses ruches soixante-quinze tonnes de miel, dont il inonda les États-Unis et l'Europe. On en trouve aujourd'hui partout, même en France.

La tonne américaine étant égale à la tonne française, la récolte de M. Harbison a donc été de 75,000 kilogrammes, représentant,

1. La *loque* est une maladie fort redoutée des apiculteurs. Elle peut devenir épidémique et détruire en peu de temps tout un rucher.

à 2 francs par kilogramme, prix normal des miels supérieurs, 150,000 francs ; soit un revenu annuel de 100 francs par ruche.

Nous le demandons à nos lecteurs : quelle est l'industrie qui en aussi peu de temps et avec un capital relativement insignifiant, peut donner de pareils résultats?

Nous étions donc fondé à dire que l'apiculture peut rivaliser, au point de vue du rendement, avec toutes les autres branches de l'industrie agricole; aussi, après une pareille preuve, ne doit-on pas se montrer surpris que l'exemple d'Harbison ait rapidement trouvé des imitateurs.

On cite notamment un autre Américain, Adam Grim, qui débuta en 1874, avec 800 ruches, dont il a porté le nombre à 1,100.

Depuis cette époque, de nombreuses et puissantes sociétés sont allées exploiter les richesses mellifères de la Californie. Ajoutons, pour mieux faire comprendre encore l'importance de cette nouvelle industrie, qu'une vingtaine de ces sociétés produisent autant de miel à elles seules que toute la France, dont le rendement annuel ne dépasse guère 10 millions de kilogrammes fournis par 2 millions de ruches; ce qui réduit à 5 kilogrammes par ruche le revenu moyen, alors qu'il s'élève à 50 pour la Californie (dix fois plus).

Nous tenions à m ttre ces chiffres sous les yeux de nos lecteurs, avant de démontrer que pas n'est besoin pour les apiculteurs français de faire le voyage de Californie pour obtenir des revenus presque égaux en quantité, et de beaucoup supérieurs en qualité, du moins dans certaines contrées de la France, telles notamment que l'Aude, la Gironde, le Gâtinais et la Normandie.

Les miels de ces contrées sont, en effet, supérieurs à ceux de Californie qui, quoique très blancs, sont dépourvus de parfum.

Quant à la quantité, elle serait presque égale aux rendements californiens, du moins si l'apiculture mobiliste était généralement pratiquée en France comme elle l'est en Californie, et qu'on fît ce qu'on est convenu d'appeler de l'apiculture pastorale ou du nourrissage spéculatif.

III

Les pays qui offrent les plus grandes ressources aux abeilles sont ceux qui réunissent les conditions suivantes : climat tempéré, hiver pas trop rigoureux, plantes mellifères abondantes, flore donnant successivement des fleurs mellifères de printemps, d'été et d'automne.

A ces différents points de vue, la France est des mieux dotées. Si l'on songe que les abeilles supportent aussi bien le climat de la Sibérie que celui de l'Afrique, on doit comprendre combien le nôtre leur est favorable.

Quant à la flore, elle est des plus variées et des plus riches. Les fleurs printanières apicoles, qui tiennent le premier rang dans tous les pays du monde, même en Californie, croissent admirablement toutes sous notre zone et particulièrement en France. Ce sont, par ordre de mérite, celles de l'acacia, du tilleul, du sainfoin, de la luzerne, du trèfle blanc et celles des prairies naturelles.

La fleur apicole d'été par excellence, qui se prolonge dans l'automne et qui donne le plus de miel, quoique de qualité inférieure, est celle de la bruyère; celle du sarrasin vient après. Or, on peut dire que, si le miel que fournissent les fleurs printanières est le plus recherché par les vrais gourmets, celui de la bruyère forme la base de toute grande culture apicole industrielle.

Si l'on examine le tableau de ces différentes plantes, on voit qu'il est assez difficile de les trouver réunies sur un même point, de manière à fournir une succession de fleurs, à peu près non interrompue, depuis le commencement du printemps jusqu'à la fin de l'automne. De pareils avantages ne se rencontrent que très exceptionnellement dans une même localité ; les contrées réputées les plus mellifères en sont dépourvues : le Gâtinais, qui fait sa principale récolte apicole avec le sainfoin, n'a pas de bruyère. Nous en disons autant de la Normandie. La Sologne a bien des bruyères en quantité ; mais son sous-sol, qui est argileux et imperméable, ne convient nullement ni à l'acacia, ni au sainfoin. Le département des Landes et la Bretagne n'offrent non plus que des fleurs de bruyère et de sarrasin à leurs abeilles.

Néanmoins, bien que les différentes fleurs qui composent la flore apicole de la France se trouvent disséminées, les nouvelles méthodes permettent de les faire toutes concourir, grâce à un artifice des plus simples, à un but commun.

Supposons, par exemple, que nous ayons deux propriétés distantes d'une dizaine de kilomètres l'une de l'autre. L'une nous donne du miel d'acacia ou de sainfoin, qui vaut 2 francs le kilogramme, tandis que la seconde ne nous fournit que du miel de bruyère, que l'on cote, sur place, à 0 fr. 30 le kilogramme.

Voici comment s'y prendrait un Gâtinaisien chaud partisan de la routine : il tuerait impitoyablement, en les étouffant, les abeilles qui donnent le miel d'acacia. Cette manière de faire, qui est journellement pratiquée, lui permet de vendre une plus grande quantité de miel surfin, puisque, en étouffant ses abeilles, il n'est pas obligé de leur laisser une partie de la récolte qui leur serait nécessaire pour se nourrir pendant l'hiver. L'année suivante, il demandera au rucher de la bruyère de nouvelles butineuses pour faire la récolte de l'acacia, sauf à les sacrifier encore après. Cette pratique s'appelle l'*étouffage*. Elle consiste à demander des essaims à une contrée qui ne produit que des miels communs, pour les étouffer après leur avoir fait récolter des miels surfins.

Le calcul des étouffeurs du Gâtinais est aussi barbare qu'inintelligent; car, en opérant comme ils le font, ils s'imposent volontairement une double perte : d'abord, celle de l'essaim, qui représente un capital de 15 à 20 francs; en second lieu, ils sacrifient aussi les rayons de cire pour les fondre.

Un apiculteur mobiliste ne s'y prendrait pas comme l'étouffeur pour tirer le meilleur parti possible des deux flores. Comme lui, il enlèverait tout leur miel aux abeilles qui butinent sur les fleurs d'acacia; mais il se garderait bien, soit d'étouffer ses abeilles, soit de détruire leurs rayons. En conservant ses abeilles, il ne sacrifie pas son capital; en ne détruisant pas leurs rayons, il ne les oblige pas à en construire de nouveaux, opération dispendieuse qui leur coûte à la fois, et beaucoup de temps, et beaucoup de miel. Il résulte, en effet, d'expériences faites par Huber, que les abeilles sont obligées de manger 11 kilogrammes de miel pour produire un seul kilogramme de cire. Or, la cire ne valant que de 3 fr. 50 à 4 francs le kilogramme, il en résulte qu'en sacrifiant 1 kilogramme de rayons, on perd 11 kilogrammes de miel qui, à 2 francs le kilogramme, représentent 22 francs. En agissant ainsi, sans parler du temps qu'on fait perdre aux abeilles, on sacrifie donc, pour 4 francs, un produit dont la fabrication en a coûté 22. Les Américains et les Allemands, pour éviter toute perte de temps, ne laissent même pas construire aux abeilles leurs premiers rayons, du moins en entier. Ils sont parvenus, dans ce but, à construire des rayons artificiels, ou plutôt la cloison médiane des rayons, en laissant seulement aux abeilles le soin d'achever les cellules.

Grâce aux ruches à rayons mobiles, du reste, et à l'extracteur en usage dans ce genre de culture, on peut retirer tout le miel des rayons sans les briser, ce qui permet de les rendre ensuite aux abeilles, qui s'empressent de les remplir de nouveau, si du moins les fleurs possèdent encore du miel. Si la saison des fleurs printanières est passée, on transporte les ruches à la bruyère pour leur faire faire une seconde récolte, qui est celle d'automne, dont une large partie est cette fois laissée aux abeilles pour leurs provisions d'hiver. C'est ainsi que les apiculteurs viennois, après avoir retiré de leurs ruches le miel de printemps, transportent ensuite leurs essaims dans les plaines historiques de Wagram, pour leur faire faire leurs provisions d'hiver. — C'est ce transport de ruches à la bruyère qui constitue ce qu'on est convenu d'appeler l'*apiculture pastorale*. — Malheureusement ce transport n'est pas toujours possible; car il devient impraticable si la bruyère se trouve à une distance trop considérable. Dans ce cas, un stratagème des plus simples permet de tourner la difficulté : on continue de récolter à fond les ruches qui contiennent du miel surfin, et on nourrit à demeure les abeilles, qu'on a trop dépouillées, avec du miel emprunté aux ruches qui ne donnent que du miel commun. De cette façon, tout le miel fin d'un pays est livré à l'industrie, tandis que le miel commun est réservé pour la nourriture des abeilles.

Comme on le voit, nous avions raison de dire que si le miel fourni par les fleurs printanières est le plus recherché, celui de la bruyère forme la base de toute grande exploitation apicole. C'est ce qui explique pourquoi la France, grâce à son climat, grâce à la richesse et à la variété de sa flore, finira par passer du dernier au premier rang des pays apicoles, lorsque les nouvelles méthodes y seront mieux connues.

IV

C'est un ingénieur anglais, M. Edward Drory, qui, en 1873, importa en France l'apiculture mobiliste. Il installa un rucher modèle à Bordeaux, où il se trouvait attaché à l'exploitation des usines à gaz de la Compagnie continentale.

Il ouvrit son rucher au public et fit des cours. Il fit plus encore : pour vaincre les préjugés qu'on a contre la prétendue férocité des abeilles, il obtint l'autorisation, un jour de concours organisé par la Société d'horticulture, d'installer des ruches au milieu de la foule et de manipuler ses abeilles à mains nues et à visage découvert. Tout le monde fut émerveillé. Les curieux, rassurés par son sang-froid et son habileté, assistèrent à ce curieux spectacle donné au milieu d'un nuage d'abeilles, sans recevoir la moindre piqûre. A partir de cet instant, la cause du mobilisme, importé d'Allemagne à Bordeaux, fut gagnée en France. Une Société d'apiculture s'organisa aussitôt; elle compte aujourd'hui plus de cinq cents membres.

M. Drory ne s'arrêta pas là; il voulut encore prouver, par des chiffres, la supériorité du mobilisme sur les anciennes méthodes. A cet effet, il fit nommer une commission chargée de contrôler les résultats de la récolte de son rucher, qui se composait de 71 colonies, empilées dans un petit jardin situé dans l'intérieur même de la ville. Cette récolte, en 1875, s'est chiffrée par 1,965k,450 de miel, — sans déplacement des ruches. M. Drory a, depuis lors, quitté la France.

Si l'on songe qu'un pareil résultat a été obtenu dans Bordeaux-ville, on n'aura plus le droit de se montrer surpris lorsque nous dirons que les apiculteurs français n'ont nullement besoin de se déplacer pour obtenir des revenus californiens. Il est évident, en effet, que si les expériences de M. Drory avaient été renouvelées en pleine campagne, les résultats eussent certainement été de beaucoup supérieurs, surtout si, comme nous l'avons dit, on se fût livré, soit à la culture pastorale, soit à un nourrissage d'hiver avec des miels communs.

Nous pensons en avoir dit assez pour prouver tout le fruit qu'on peut retirer des nouvelles méthodes dans un pays aussi essentiellement agricole que la France.

Le seul obstacle que puisse rencontrer le mobilisme est l'ignorance des gens de la campagne et l'indifférence des grands propriétaires. Longtemps encore il demeurera inaccessible pour nos paysans; car, pour être exploité sans mécomptes, il exige qu'on ait préalablement fait certaines études, qui ne peuvent guère être entreprises avec fruit que par l'homme dont l'instruction a développé des aptitudes qui lui permettent d'étudier seul dans les livres. C'est précisément pour tourner cette difficulté que le Canada et la Suisse viennent de créer des chaires pour l'enseignement apicole. Il est à désirer que la France suive cet exemple.

V

A notre sens, il n'a pas encore été écrit, en langue française, n bon livre sur l'Apiculture mobiliste. Les seuls ouvrages réelleent sérieux que nous possédons sur la matière sont : 1° le livre e M. Bastian; 2° le *Traité d'Apiculture pratique* de M. Ch. Dadant; ° la collection du journal *le Rucher;* 4° l'ouvrage tout récemment ublié sur les abeilles par M. Maurice Girard. (Nous ne parlons as des ouvrages écrits par les apiculteurs fixistes.)

L'ouvrage de M. Bastian, qui a eu dans le temps une très rande vogue, a surtout dû son succès au mérite de la nouveauté t à la parfaite élégance de style de l'auteur. Ce livre est fort en arrière des nouvelles découvertes; il contient, en outre, de nombreuses erreurs; néanmoins, tel qu'il est, il mérite encore d'être consulté sur bien des points.

Le Traité de M. Ch. Dadant révèle, chez son auteur, un apiculteur des plus distingués. Son livre est certainement, au point de vue pratique, ce qui a été écrit de mieux sur la matière; aussi n'aurions-nous qu'à renvoyer nos lecteurs à son ouvrage, si notre climat ressemblait à celui des États-Unis d'Amérique, où M. Charles Dadant se livre à la culture des abeilles sur une vaste échelle. Ajoutons que le livre de M. Dadant serait parfait, si l'auteur ne s'était pas laissé dominer par une idée préconçue contre les méthodes allemandes. Ces méthodes, quoi qu'en dise M. Dadant, conviennent infiniment mieux à notre climat que celle qu'il préconise à l'exclusion de toutes autres, sans vouloir reconnaître que son système, excellent sans doute pour l'Amérique, ne donne pas en France les mêmes résultats qu'il obtient à Hamilton (Illinois).

La collection du journal *le Rucher* constitue un recueil de toutes les théories qui ont été émises sur l'apiculture rationnelle; les unes sont bonnes, tandis que d'autres sont évidemment très mauvaises. On comprend dès lors combien il est difficile, à un débutant surtout, de se reconnaître au milieu de ce chaos de polémiques et de doctrines absolument opposées les unes aux autres.

TRAITÉ THÉORIQUE ET PRATIQUE
D'APICULTURE MOBILISTE

LES ABEILLES

I

Des abeilles en général. — Il existe une variété infinie d'abeilles, dont la nomenclature, outre qu'elle serait beaucoup trop longue, ne présenterait qu'un médiocre intérêt.

Les abeilles les plus en faveur en Europe, et les seules conséquemment dont nous voulions nous occuper dans ce livre, sont, par rang de mérite : 1° les abeilles italiennes, dites abeilles jaunes des Alpes; 2° les abeilles carnioliennes; 3° les abeilles noires, dites abeilles communes.

Nous ne parlerons que pour mémoire des abeilles dites égyptiennes et des abeilles de la Kabylie, dont on dit grand bien depuis quelque temps, mais qui n'ont pas encore fait leurs preuves en Europe.

Nous ne parlerons non plus que pour mémoire de l'*Apis dorsata* qui, d'après M. Cori, serait la plus grosse de toutes les abeilles connues. Elle se rencontre à l'île de Java. Ses qualités ou ses défauts nous sont absolument inconnus.

Quoi qu'il en soit de toutes ces abeilles, elles ne se distinguent entre elles que par les qualités, ainsi que par le plus ou moins de grosseur et par la couleur. Quant à leurs mœurs et à leurs produits, ils sont les mêmes pour toutes. Les naturalistes rangent les abeilles dans la catégorie des insectes les mieux doués au point de vue de l'instinct. Les abeilles appartiennent au groupe des hyménoptères *porte-aiguillon* et à la famille des mellifères sociaux.

Au printemps, une ruche renferme trois sortes d'abeilles : les ouvrières, qui sont de beaucoup les plus nombreuses; les mâles ou *faux-bourdons;* l'*abeille mère,* improprement appelée la reine, qui, comme nous le verrons dans la suite, est réellement la mère de la colonie, sur laquelle elle n'exerce aucune espèce d'autorité. Ces trois sortes d'abeilles concourent, à des titres différents, à la reproduction de l'espèce : *les mâles* produisent les spermatozoïdes destinés à la fécondation des œufs; l'*abeille-mère,* appelée aussi *abeille-féconde* par opposition aux *ouvrières* dont les parties génitales sont atrophiées, produit les œufs; la fonction des *ouvrières* consiste à élever les constructions, à nourrir les petits et à approvisionner la ruche.

Comme on le voit, il faut un père, une mère et des ouvrières pour la reproduction de l'espèce, qui ne compte pas moins de 40 à 60 mille insectes, au printemps, dans les très fortes colonies.

II.

Parties externes du corps. — Sans anticiper sur l'ordre des descriptions sommaires que nous nous proposons de consacrer à chaque individu, il nous paraît utile de grouper, tout d'abord, dans une seule et même planche, les trois figures qui les représentent. Ce rapprochement permettra de mieux saisir, à première vue, les différences les plus saillantes qui distinguent les trois sujets vus au repos.

L'ouvrière.

La Mère-abeille.

Le mâle.

L'abeille-ouvrière est, de beaucoup, la plus petite des trois. L'abeille-mère, qui est plus allongée, tient le milieu entre les ouvrières et les mâles. Elle se distingue, surtout, par la longueur de son abdomen, qui n'est qu'à moitié recouvert par les ailes à l'époque de la grande ponte; car, à ce moment, l'abdomen atteint son maximum de développement. Le mâle est le plus gros des trois; sa tête, qui est ronde, est beaucoup plus forte, et ses ailes recouvrent entièrement l'abdomen.

Le corps des abeilles se compose de trois parties bien distinctes: la tête, le corselet et l'abdomen.

Les principaux organes de la tête sont : 1° deux grands *yeux latéraux à facettes*, qui permettent à l'insecte de voir à la fois dans un grand nombre de directions différentes; 2° trois *yeux lisses ou ocelles*, disposés en triangle sur le milieu du front. Ces ocelles permettent à l'insecte d'observer, à très petite distance, les détails des plus petits objets; 3° vers le milieu de la tête se trouvent insérées deux *antennes*, à douze articles chez les ouvrières et l'abeille-mère, et à treize chez les mâles. Ces articles, combinés entre eux, affectent la forme de deux fléaux. Ces articulations donnent aux antennes la mobilité indispensable à l'*organe du toucher*. Les antennes sont, en effet, chez l'abeille le siège du toucher; d'après les naturalistes, moins affirmatifs toutefois sur ce point, elles seraient encore le siège de l'ouïe et de l'odorat, qui est excessivement développé chez les abeilles. A l'appui de cette croyance, M. Maurice Girard cite une expérience fort curieuse, qui a été faite par M. Al. Lefebvre : la pointe d'une aiguille trempée dans de l'éther fut approchée de la tête d'une abeille occupée à lécher du miel; l'insecte dirigea aussitôt ses antennes vers l'aiguille, et les agita en donnant des signes d'inquiétude, tandis que le voisinage d'une aiguille inodore ne provoquait aucun mouvement dans ces organes. L'insecte se montrait encore parfaitement insensible lorsque l'aiguille imbibée d'éther était approchée d'une autre partie du corps. Quoi qu'il en soit, ce qui semble prouver jusqu'à la dernière évidence que les antennes sont tout au moins le siége du toucher, c'est que, chaque fois que deux abeilles se heurtent sur le guichet des ruches, elles semblent se reconnaître en se palpant réciproquement avec leurs antennes. Il en est de même chaque fois qu'une abeille s'approche du calice d'une fleur ou d'un autre objet quelconque pour le reconnaître et le lécher. 4° Enfin, c'est la tête qui porte aussi les pièces buccales. Nous nous bornerons à donner le nom des principales, qui sont : la langue, les mandibules, les mâchoires qui modifient la succion opérée par la langue; le menton, la lèvre supérieure et la lèvre inférieure.

La plus remarquable de ces pièces est la langue, improprement appelée aussi *trompe;* car l'abeille n'est pas un insecte suceur comme le papillon, mais plutôt un lécheur. La langue, qui sert à l'abeille à lécher le nectar au fond du calice des fleurs, a pour auxiliaires les autres pièces buccales qui jouent par paires. Ces dernières servent notamment à l'insecte à pétrir la cire, à transporter les œufs d'une cellule à une autre, à faire la toilette des jeunes abeilles et comme arme défensive et offensive.

Le *corselet* ou *thorax* porte deux paires d'ailes et six pattes.

L'aile se compose d'une membrane transparente, charpentée avec des nervures ou tubes creux. Grâce au système respiratoire dont les abeilles se trouvent dotées par la nature, l'air refoulé dans les nervures des ailes aide à leur extension au moment où l'insecte quitte sa dépouille de nymphe. Chaque paire d'ailes se compose d'une grande et d'une petite aile. La petite aile, qui se trouve sous la grande, sert à peu près exclusivement à guider le vol des grandes; mais elle concourt fort peu elle-même à cette dernière fonction.

2° Les six pattes des abeilles se composent de pièces articulées, qui donnent une très grande mobilité à ces membres et leur permettent des mouvements variés d'extension et de flexion. Sans entrer dans la description fort compliquée des diverses pièces qui composent les jambes des abeilles, nous ne devons cependant pas passer sous silence une particularité fort curieuse, qui distingue les deux pattes postérieures des quatre autres. La face externe de la jambe postérieure présente une cavité appelée *corbeille*, qui est munie sur ses bords de poils raides. C'est dans cette corbeille que l'abeille loge le pollen et la propolis qu'elle apporte à la ruche, en ayant le soin de charger régulièrement ses deux jambes postérieures de manière à pouvoir conserver l'équilibre dan son vol. La manière dont s'opère le chargement est fort curieuse : L'abeille saisit les grains de pollen avec les premières pattes, qui le font passer aux secondes, chargées de le transmettre, à leur tour, aux dernières. Celle-ci sont armées de poils, qui constituent de véritables brosses, dont elles se servent pour tasser, peloter et retenir le pollen dans la corbeille. Pendant

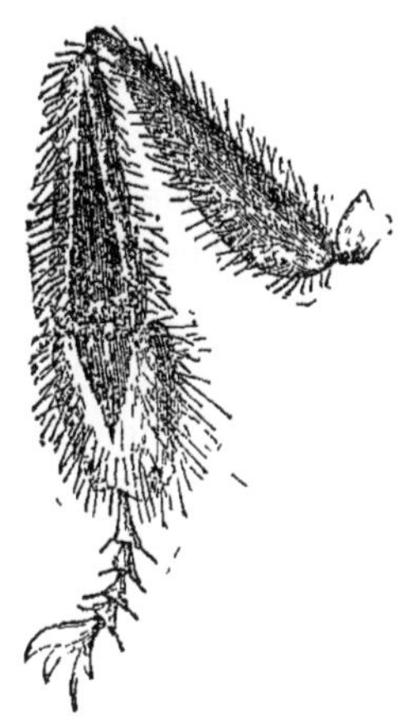

qu'elles se livrent à cette opération, qu'elles exécutent avec une rapidité et une adresse inouïes, la langue dépose sur le pollen qu'elles pelotent un liquide qui le transforme en pâtée et lui donne de la consistance.

La corbeille de la jambe postérieure porte encore le nom de *palette.*

L'abdomen se compose de segments ou anneaux, dont la couleur sert, plus particulièrement que tout autre signe, à reconnaître les différentes variétés d'abeilles. Les mâles ont sept segments abdominaux; les femelles n'en n'ont que six; leurs larves en ont pourtant sept, mais le septième, d'après les embryogénistes, se transforme en aiguillon.

III.

Parties internes du corps. — L'organisme intérieur des abeilles est d'une importance capitale en apiculture; car il sert à expliquer bien des phénomènes qui demeureraient incompréhensibles si l'on n'avait pas tout au moins une légère idée de l'anatomie de l'insecte. L'appareil digestif surtout nous permet d'expliquer bien des erreurs commises par certains apiculteurs, qui n'avaient pas une idée bien nette de la composition et des fonctions de cet organe. Sans entrer dans une description minutieuse de l'appareil digestif des abeilles, nous appellerons tout particulièrement l'attention de ceux qui veulent faire de l'apiculture, sur les trois paires de glandes salivaires qui entourent cet organe. On les nomme *glande cervicale supérieure, glande cervicale inférieure* et *glande thoracique.*

La glande cervicale supérieure manque chez l'abeille-mère et chez les faux-bourdons; ajoutons que les autres sont moins développées que chez les ouvrières. Chose remarquable, qu'il ne faut jamais perdre de vue, et c'est précisément sur ce point que nous appelons l'attention, « la glande cervicale supérieure diminue chez l'ouvrière au fur et à mesure qu'elle avance en âge ». C'est là un fait très important, qui explique, scientifiquement, un point resté fort obscur jusqu'ici; à savoir, pourquoi il est impossible de faire élever de jeunes mères par une colonie qui ne possède que de vieilles abeilles.

On suppose, en effet, et tout porte à le croire, que la glande cervicale supérieure sert à faire la bouillie des larves; car ce sont les plus jeunes abeilles, chez lesquelles elle est encore très développée, qui nourrissent les petits. Nous supposons que cette glande doit encore servir aux jeunes abeilles pour préparer la nourriture de la mère, nourriture qui stimule sa ponte par une alimentation plus fortifiante que celle dont les autres abeilles font usage. Notre observation se base sur la constatation de ce fait, — que les soins dont la mère est l'objet lui sont plus particulièrement donnés par les jeunes abeilles, toujours plus disposées que les vieilles à adopter une nouvelle mère, qui serait impitoyablement tuée s'il n'en existait que de vieilles.

On suppose encore que les autres glandes doivent fournir la salive nécessaire et spéciale, soit à pétrir la cire, soit à être mélangée au miel auquel elle communiquerait le goût qui lui est particulier. Il est constant, comme nous le verrons plus tard, que les abeilles vivent moins longtemps pendant la belle saison, époque du travail, que pendant l'hiver, époque où elles demeurent inactives. On explique ce fait en disant qu'elles s'usent vite par l'ardeur qu'elles apportent au travail. Les longues courses et la fatigue qui en est la conséquence doivent évidemment augmenter le chiffre de la mortalité; mais, en dehors des excès de fatigue, il est assez naturel de supposer que l'épuisement des glandes salivaires, dont le jeu est continu pendant la belle saison, doit aussi y contribuer pour une très large part.

Quoi qu'il en soit, sans insister davantage sur ce côté de la question, disons, pour terminer, que l'appareil digestif, qui est entouré de ces glandes, naît à la bouche et, après avoir traversé une partie du corps de l'abeille, vient aboutir au réservoir à miel, c'est-à-dire au jabot dont nous allons parler, et qui communique lui-même à l'estomac.

Le jabot joue un rôle très important chez l'abeille. Il constitue un véritable réservoir à miel, qui peut contenir des provisions suffisantes pour alimenter l'insecte pendant trois jours; aussi ce dernier, lorsqu'il veut changer de logement, en d'autres termes *essaimer*, prend-il préalablement la précaution de faire des provisions de route en gorgeant son jabot de miel. Les apiculteurs tirent parti de cette particularité pour dompter les abeilles, qui sont à peu près inoffensives lorsque leur jabot est plein. Tout se réduit donc à les obliger à se gorger de miel. Nous verrons plus tard le stratagème qu'on emploie pour obtenir ce résultat.

Le conduit qui fait communiquer le jabot à la bouche s'appelle l'*œsophage*. Le miel passe et repasse dans l'œsophage, soit pour pénétrer dans le jabot, soit lorsqu'il en sort pour être dégorgé dans les cellules de la ruche. Si le miel ne ressort pas par l'œsophage pour être dégorgé dans les cellules ou pour nourrir les petits, il pénètre dans l'estomac pour servir, soit à l'alimentation particulière de l'insecte, soit à être transformé en cire.

Nous ne dirons que peu de chose du système nerveux des abeilles, parce qu'il ne présente qu'un intérêt secondaire, au point de vue de l'apiculture pratique. Nous nous bornerons donc à dire que le système nerveux se compose d'une double chaîne de ganglions nerveux, reliés les uns aux autres, et dont le plus important, qui est situé dans la tête, fait office de cerveau. Les autres sont situés dans le thorax et l'abdomen, au-dessous du tube digestif. Le cerveau, toutefois, est au-dessus de l'œsophage. Ici se place une observation fort curieuse : le cerveau est moins développé chez les mâles que chez les autres abeilles; aussi leur intelligence est-elle de beaucoup inférieure à celle des ouvrières qui, à un moment donné, lorsque les fleurs deviennent rares, expulsent impitoyablement de la ruche les faux-bourdons. Ceux-ci, quoique beaucoup plus gros, se contentent de résister sans se défendre.

Nous ne parlerons pas non plus de la circulation du sang, sujet fort intéressant sans doute au point de vue purement scientifique, mais qui ne saurait offrir qu'un très médiocre intérêt à des apiculteurs.

Il n'en saurait être de même du système respiratoire. Il se compose, chez les abeilles, d'ampoules membraneuses, de tubes à mince paroi élastique, dits *trachées tubulaires*, et d'ampoules membraneuses ou *trachées vésiculaires*. Les trachées tubulaires, qui sont en nombre considérable, sillonnent en tous sens le corps de l'insecte. Tous ces canaux servent à la circulation de l'air. Ils sont commandés par un vaste sac membraneux, véritable réservoir d'air, auquel ils aboutissent. Le sac membraneux se dilate et se contracte alternativement, soit pour recevoir l'air qui lui parvient du dehors par divers orifices disséminés sur l'abdomen et le thorax, soit pour le distribuer dans les *trachées*.

La puissance du système respiratoire des abeilles leur permet d'entretenir une très grande chaleur dans la ruche, comme aussi de résister longtemps à l'asphyxie. On comprend donc tout le parti que l'insecte retire de cette grande provision d'air pour se soutenir dans l'espace.

Ce qu'il y a de vraiment remarquable dans le système respiratoire de l'abeille, c'est qu'à l'aide d'appareils dits *obturateurs* (*les stigmates*), dont la description ne saurait entrer dans notre cadre, l'entrée et la sortie de l'air du corps de l'insecte sont subordonnés à sa volonté. Lorsqu'une abeille sort de sa ruche, elle s'arrête un instant sur le guichet avant de prendre son vol. Ce temps d'arrêt lui est nécessaire pour charger d'air ce que les naturalistes appellent les *ampoules trachéennes,* dont la fonction est d'alimenter le grand réservoir qui le départit dans l'organisme trachéen. Grâce à l'appareil obturateur, l'air demeure renfermé dans les canaux, et la légèreté spécifique de l'insecte se trouve prodigieusement augmentée. L'abeille vient-elle à tomber dans l'eau, elle ferme aussitôt les stigmates, et la provision d'air contenue dans son corps lui permet de résister longtemps à l'asphyxie. Ce fait explique pourquoi les étouffeurs d'abeilles sont obligés d'employer un enfumage énergique pour les tuer.

Comme nous le verrons bientôt, la faculté qu'ont les abeilles d'absorber une grande masse d'air et de le refouler dans les canaux trachéens est indispensable aux mâles dans l'acte de la copulation.

Nous avons dit que l'abeille appartenait au groupe des Hyménoptères (porte-aiguillons). Toutefois, les mâles ou faux-bourdons sont absolument dépourvus de cet organe; ce qui, comme nous le verrons dans un autre chapitre, les rend impuissants à se défendre lorsque les abeilles les expulsent de la ruche. Quant aux abeilles ouvrières, elles sont, sous ce rapport, puissamment armées pour l'attaque ou pour la défense. L'abeille ouvrière est munie d'un dard ou aiguillon barbelé, qui fait de cuisantes blessures. Ce dard, qui est caché dans l'abdomen, est recouvert d'une sorte de gaîne. Il communique à deux glandes, l'une graisseuse, qui permet à l'aiguillon de pénétrer facilement dans les chairs, et l'autre à venin. Cette dernière contient de l'*acide formique concentré.* Une gouttelette de cet acide pénètre, en même temps que l'aiguillon, dans la plaie. La projection de l'acide se produit mécaniquement par le seul fait que l'abeille lance son dard ; le même mouvement qui agit sur le dard exerce une action simultanée sur la poche à venin. La corrélation qui existe dans ce double jeu est indépendante de la volonté de l'abeille. Nous relevons la preuve péremptoire de notre assertion dans le fait suivant : si l'on pose la main sur une abeille morte, même depuis plusieurs jours, on est piqué absolument comme si la volonté de l'abeille y était pour quelque chose, et il y a inoculation dans la plaie d'acide formique. Voilà pourquoi il faut éviter avec soin, lorsqu'on ouvrage les ruches, de poser par mégarde sa main sur les cadavres des abeilles; car, dans ce cas, on reçoit autant de piqûres qu'on a froissé de corps avec la main.

L'aiguillon étant garni de dentelures barbelées, à la façon d'un hameçon, ne peut que très difficilement sortir de la blessure. L'abeille est obligée de prendre de très grandes précautions pour l'en retirer : elle tourne sans cesse sur elle-même, elle laisse presque toujours l'aiguillon dans la plaie. Dans ce cas, la mort de l'insecte est inévitable.

L'aiguillon de l'ouvrière est droit; il est un peu recourbé chez la mère, qui ne s'en sert jamais pour piquer l'homme. En revanche, comme nous le verrons plus tard, elle l'utilise contre ses rivales. D'après certains naturalistes, l'aiguillon servirait encore à l'abeille mère pour diriger au fond des cellules les œufs qu'elle pond.

Les abeilles ouvrières sont munies de quatre paires de glandes cirières. Elles sont placées sous les anneaux de l'abdomen. (Le premier et le dernier segment en sont toutefois dépourvus). Ajoutons que ces glandes font absolument défaut chez les mâles, ainsi que chez les abeilles mères. Comme l'indique leur nom, ce sont les glandes cirières qui secrètent la cire. Après avoir mangé beaucoup de miel et de pollen, si l'insecte se livre à un repas absolu et prolongé, les lamelles de cire se forment sous les anneaux de l'abdomen, d'où l'abeille les retire avec la pince des pattes postérieures pour les porter à sa bouche et les malaxer, en y ajoutant de la salive. Nous verrons plus tard l'usage que les abeilles font de cette cire ainsi rendue malléable.

Il ne nous reste plus, pour donner un aperçu de l'organisme des abeilles, qu'à parler de leurs organes génitaux.

Sans entrer dans la description minutieuse de tous les organes génitaux du mâle, nous disons que le plus essentiel à connaître est le pénis qui, à l'aide d'un conduit éjaculateur, communique avec les deux testicules de l'insecte. Le pénis est fort compliqué. Les pièces anatomiques qui le composent affectent, dans leur ensemble, lorsqu'elles sont hors du corps du mâle, la forme d'un trèfle recouvert de tubercules hérissés de poils raides. La sortie du pénis du corps du mâle ne peut se produire que lorsque les vessies aérifères qui agissent sur lui sont suffisamment pleines d'air. C'est ce qui a fait croire jusqu'à ce jour aux naturalistes que l'acte de la copulation ne pouvait s'effectuer que dans les airs, après que le mâle a volé pendant un certain temps. Il est de fait qu'à l'état de nature, l'accouplement a toujours lieu dans les airs ; mais de là à affirmer, comme le font les savants, que l'accouplement ne peut avoir lieu par terre, il y a loin. Nous comprenons très bien la nécessité, pour le mâle, de se préparer à l'acte de la copulation en gonflant d'air les trachées vésiculaires qui agissent sur le pénis ; mais cette préparation ne peut-elle se faire ailleurs que dans les airs? « Plus l'abdomen est plein et distendu, dit M. Maurice Girard, plus l'organe sexuel est chassé facilement. Or, les trachées sont très gonflées d'air quand l'insecte prend son vol puissant à la recherche de la femelle féconde, ce qui augmente beaucoup la pression exercée sur les parois latérales de l'abdomen. C'est pourquoi le coït ne peut s'accomplir qu'au vol, et le retroussement obligé du pénis ne lui permet pas de s'opérer sur des insectes posés à plat. »

Ici M. Maurice Girard s'est fait l'écho d'une opinion généralement accréditée, et qui serait très malheureuse si elle était vraie, car elle ne permettrait pas aux apiculteurs, pour éviter des croisements livrés au hasard ou aux caprices des insectes, d'obtenir des accouplements en captivité. Ce qui semble confirmer l'exactitude de l'opinion émise par M. Girard comme, du reste, par tous les naturalistes, c'est que, jusqu'à ces derniers temps, on n'avait pu obtenir d'accouplements en captivité. Huber, de Genève, avait inutilement renfermé dans une boîte un mâle et une femelle vierge : il n'avait pu obtenir d'accouplements. Mais voici que, tout à coup, au mois de novembre dernier, un apiculteur américain, M. Hasbrouk, est venu contredire cette théorie, et affirmer qu'il avait plusieurs fois obtenu la fécondation de reines en captivité par un mâle spécialement choisi à cet effet. Ajoutons que, sans nous prononcer encore sur un sujet aussi délicat, nous sommes toutefois forcé de reconnaître que les explications fournies par M. Hasbrouk, dans les colonnes de l'*American Bee Journal*, du mois de novembre 1878, nous semblent des plus logiques. Pour obtenir, d'après M. Hasbrouk, l'accouplement en captivité des jeunes reines, on doit faire usage d'une boîte cubique ayant 8 centimètres de côté. Le dessus est vitré. On introduit un seul mâle dans cette boîte, qui s'ouvre par le fond. On la place ensuite sur une cage spéciale renfermant la jeune reine, qui doit être en contact avec les abeilles de la ruche qui l'a fait naître. La reine doit monter dans la boîte, de son propre mouvement, sans contrainte. Lorsque les deux insectes se trouvent réunis, la boîte, pour faciliter l'accouplement, est portée au soleil; car, comme on le verra plus tard au chapitre de la sélection, ce serait là la solution d'un des plus importants problèmes d'apiculture rationnelle.

Revenons à notre sujet, dont nous a écarté cette digression. Lorsque le pénis, sous l'action de l'air comprimé dans les canaux et la contraction des muscles, sort du corps du mâle, il se produit une brusque détente assez semblable à celle que provoquerait un ressort. On peut facilement observer ce phénomène en prenant, entre le pouce et l'index, l'abdomen d'un mâle qui rentre à la ruche après avoir fait sa promenade aérienne. Ajoutons pour terminer ce sujet que l'écartement des cornes du pénis dont nous avons parlé, ainsi que les poils hérissés qui le recouvrent, empêchent sa sortie du vagin de l'abeille; aussi se produit-il toujours une rupture qui entraîne à sa suite la mort du mâle qui a fécondé une femelle.

Pas plus que nous ne l'avons fait pour les organes génitaux du mâle, nous ne décrirons minutieusement ceux de la mère. Les parties principales sont deux ovaires la raux, composés de deux cents tubes environ, présentant chacun une certaine quantité d'œufs de diverses grosseurs et rangés en chapelet. Les deux ovaires se réunissent à un conduit commun, qui forme le vagin proprement dit. Sous le col du vagin, avec lequel il communique, se trouve soudée *la spermathèque* sorte de vessie qui reçoit la liqueur séminale du mâle qui, en une seule copulation, y introduit un nombre considérable de spermatozoïdes destinés à la fécondation des œufs. On n'évalue pas à moins de vingt-cinq millions le nombre des spermatozoïdes que contient *la spermathèque* après l'accouplement. C'est ce qui explique qu'il suffit d'un seul mâle et d'un seul acte de copulation pour féconder la femelle pendant toute la durée de son existence. Il découle de ce qui précède que le mâle ne féconde pas directement l'œuf dans les ovaires. Ce soin est réservé à la mère ellemême qui, grâce au réservoir de liqueur séminale dont elle est munie, féconde l'œuf au moment de la ponte, à son passage dans l'oviducte. C'est à ce moment précis que le sperme sortirait de la spermathèque. Cette éjaculation aurait lieu par l'action des muscles du conduit séminal, qui unit la spermathèque au vagin.

Les organes génitaux de l'abeille mère se retrouvent dans les abeilles ouvrières; mais simplement à l'état rudimentaire. En d'autres termes, ils sont développés chez l'abeille mère et absolument atrophiés chez les autres ; aussi appelle-t-on les unes des femelles développées et les autres des femelles atrophiées ou neutres.

Les descriptions anatomiques que nous venons de donner sur l'organisme des abeilles sont évidemment loin d'être complètes; mais, telles qu'elles sont, elles suffisent, croyons-nous, pour l'intelligence des études physiologiques plus complètes que nous allons faire sur les mâles, les femelles fécondes et les ouvrières. Nous allons de nouveau passer successivement en revue ces trois genres d'abeilles, après avoir parlé de leurs métamorphoses.

PHYSIOLOGIE DES ABEILLES

I

Métamorphoses des abeilles. — Les abeilles, avant d'arriver à l'état d'insecte parfait, passent, à partir de l'éclosion de l'œuf d'où elles sont sorties, par trois métamorphoses successives. L'œuf lui-même change chaque jour de position pendant la période d'incubation. La figure ci-contre représente ces différentes positions et transformations.

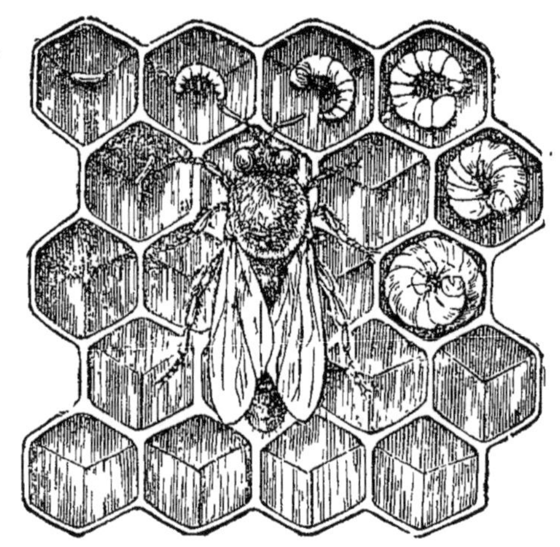

A gauche de la planche, on aperçoit trois cellules occupées par les œufs pendant la durée de leur incubation, qui est de trois jours.

La première cellule occupée, à gauche, en partant du bas, contient un œuf d'un jour. Il a une position perpendiculaire à la cloison médiane de la cellule à laquelle il est attaché par une de ses pointes.

La seconde cellule, en remontant, contient un œuf de deux jours. Comme on le voit, il s'est un peu incliné vers le fond de la cellule.

La troisième cellule, à l'extrémité supérieure de la planche, à gauche, contient un œuf de trois jours. Celui-là est entièrement couché à plat sur le fond de la cellule.

Après ces trois jours d'incubation, l'œuf éclôt. Quelquefois cependant, les œufs mettent plusieurs jours, après le terme indiqué, avant d'éclore. Il n'est pas rare, dans les ruches, de constater des éclosions qui se produisent après huit jours, quelquefois même davantage. Cela tient à ce que ces œufs n'ont pas été couvés par les abeilles, qui, à la suite d'un incident quelconque, sont allées se grouper sur un autre point de la ruche en abandonnant une partie des œufs. Ces derniers, qui peuvent se conserver sans s'altérer pendant un certain temps, éclosent parfaitement lorsque les abeilles viennent, après un premier abandon, les réchauffer. Un prêtre italien, M. P. Giotto Ulivi, dans une récente polémique qu'il a soutenue contre nous, prétend que les œufs d'abeille peuvent se conserver plusieurs mois sans s'altérer, même lorsqu'ils seraient soumis, hors de la ruche, à une basse température. L'opinion de M. Ulivi n'a trouvé que des incrédules dans le monde apicole. Comment admettre, en effet, qu'un œuf d'abeille, qui est d'une grosseur presque microscopique, et qui n'est recouvert que d'une simple pellicule, puisse impunément passer plusieurs mois hors de la ruche, exposé au froid et au chaud, sans se dessécher, sans s'altérer en quoi que ce soit, alors, par exemple, qu'un œuf de poule, qui est protégé par une forte coquille, ne présenterait pas le même degré de résistance? Il y a évidemment là une exagération manifeste, qui ne détruit en rien ce que nous avons annoncé.

Quoi qu'il en soit, en dehors du cas exceptionnel auquel nous avons fait allusion, l'œuf d'abeille éclot après trois jours. Il en sort un ver auquel les abeilles donnent une certaine nourriture appelée bouillie, qu'elles lui administrent à l'aide de leur langue. Après un certain nombre de jours, qui n'est pas le même pour les ouvrières que pour les mâles, pour ces derniers que pour les abeilles mères, ce ver file un cocon dans lequel il se transforme en chrysalide, qui ne sort de son berceau qu'à l'état d'insecte parfait. Mais, préalablement, sitôt que les ouvrières ont fini de le nourrir, elles ferment sa cellule avec un couvercle de cire bombé.

La figure qui précède représente le degré de croissance d'un ver d'ouvrière, qui demeure cinq jours dans cet état avant d'être operculé. Le développement entier de l'ouvrière est de 21 jours, celui du mâle de 24, celui de l'abeille mère de 16 à 17.

Les cellules ou alvéoles destinées à recevoir les œufs, ainsi que le miel et le pollen, ont la forme d'un prisme hexagonal. Ceux qui sont destinés à recevoir les œufs qui doivent produire des mâles sont plus grands que ceux destinés à élever des ouvrières. Comme on le verra plus loin, les cellules dans lesquelles naissent les mères ont une autre forme.

II.

Les males. — Les mâles ou faux bourdons proviennent, comme nous le verrons lorsque nous nous occuperons de l'abeille mère, *d'œufs non fécondés*. L'œuf qui doit produire le mâle éclôt après trois jours d'incubation. Il en sort un ver, qui reste six jours en cet état; il met ensuite trois jours pour filer sa coque, et demeure douze jours sous forme de nymphe. Il naît le vingt-quatrième jour.

Le nombre des mâles est proportionné à l'importance de la ruche. Si l'abeille mère en pond une trop grande quantité, les ouvrières y mettent bon ordre en supprimant une partie des œufs; souvent même, après avoir fait éclore les œufs, les abeilles enlèvent les larves, quelquefois en entier si le miel vient à tarir dans le calice des fleurs. Une forte colonie peut contenir de deux à trois mille mâles dans la saison. Comme nous l'avons dit ailleurs, ils sont beaucoup plus gros que les ouvrières. Ils se distinguent de ces dernières et de l'abeille mère par leur tête ronde, dont les yeux se rejoignent au milieu du front. Leur corps est gros et velu, surtout vers l'extrémité de l'abdomen. Leurs ailes, qui sont fort grandes, dépassent le corps. Nous avons déjà dit qu'ils sont dépourvus de dard; ajoutons qu'ils n'ont pas, comme les ouvrières, de brosses aux pattes, ni de corbeilles aux jambes postérieures. Leur vol est très bruyant. Ils mangent énormément. Ils ne travaillent pas et ne sont utiles que pour féconder les jeunes mères Ils ne sortent que par les beaux jours, lorsqu'il fait bien chaud (de midi à deux heures). Ils viennent au printemps, à l'époque où les abeilles se préparent à essaimer. Très peu d'entre eux ont eu occasion de féconder une jeune mère, acte qui leur coûte toujours la vie; car la mère se sépare toujours du mâle, mort pendant l'accouplement, en emportant avec elle le pénis avec une partie du canal arrachée au faux bourdon. Lorsque la saison des fleurs est passée, et, par suite, celle des essaims, c'est-à-dire en juillet et août, les ouvrières se débarrassent des mâles en les expulsant de la ruche. Ainsi privés de nourriture, ils ne tardent pas à mourir de froid et de faim. Toutefois, si la colonie est trop faible pour expulser les mâles, on en trouve encore dans les ruches, même pendant l'hiver. Les abeilles les conservent également si elles ont une mère qui n'a pu se faire féconder ou, encore, si la ruche est orpheline, c'est-à-dire dépourvue de mère. Aussi, chaque fois qu'on aperçoit des mâles en arrière-saison, et surtout pendant l'hiver, on peut affirmer, sans crainte de se tromper, que la colonie qui les garde n'est pas dans un état normal.

III.

Les Ouvrières. — Les ouvrières sont parfaitement armées pour le combat et pour le travail auquel elles se livrent dans l'intérêt de la communauté. Leur abdomen, comme nous l'avons déjà dit, est armé d'un aiguillon qui constitue un engin de défense des plus redoutables. Le dard, muni de dentelures, pénètre aisément dans les chairs en causant une cuisante douleur, due à l'acide formique que l'insecte introduit dans la blessure. Le liquide est un poison mortel pour la plupart des insectes, qui sont frappés par le dard de l'abeille, et même, dans certains cas, pour l'homme, du moins si les piqûres sont trop nombreuses.

Il n'existe pas de remède connu contre les piqûres des abeilles ; tous ceux qui ont été préconisés pour empêcher le gonflement des chairs provoqué par l'acide formique sont sans le moindre effet; ils constituent autant de remèdes de bonne femme. Nous citerons notamment, au nombre des remèdes préconisés, comme étant absolument inefficaces, l'alcali, la salive, le jus de tabac, le jus de persil, celui d'oseille ou de poireau, etc., etc.

Bien des gens sont cependant convaincus de l'efficacité de ces remèdes, qu'ils considèrent, de très bonne foi, comme souverains. Ajoutons que de nombreux exemples semblent justifier la confiance qu'ils inspirent. Il n'est pas rare, en effet, de voir des personnes, piquées par les abeilles, résister à l'enflure. Or, si les blessés ont eu l'idée de faire emploi d'un remède quelconque, ils ne manquent pas de lui attribuer le bon effet qu'ils constatent, sans se douter que, lors même qu'ils n'auraient fait aucun traitement, le résultat eût certainement été identique.

Les phénomènes qui se produisent à la suite d'une piqûre d'abeille sont très remarquables; quelques personnes n'en sont nullement affectées; chez d'autres, au contraire, une seule piqûre peut provoquer une grande inflammation, qui dure plusieurs jours; elle peut même occasionner un accès de fièvre.

Le plus ou moins de gravité des résultats morbides dépend de la plus ou moins grande quantité de venin introduite dans la blessure, quantité qui n'est pas toujours la même. Elle est souvent nulle ou à peu près; dans ce cas, il ne se produit évidemment pas d'inflammation, ou l'enflure est insignifiante et de peu de durée.— Ajoutons, chose fort remarquable, que les apiculteurs sont généralement à l'abri de pareils désagréments; les piqûres n'ont plus sur eux d'action sérieuse: il y a eu inoculation du venin dans leur organisme; aussi s'est-il produit ici un phénomène analogue à celui qu'on constate chez les vaccinés. L'idiosyncrasie de certains apiculteurs est, sur ce point, parfaitement établie par les faits.

S'il n'existe pas de remède contre les piqûres des abeilles, il est cependant possible d'enrayer, dans une certaine mesure, les effets du mal. Ce moyen consiste, sitôt qu'on a été piqué, à presser la plaie avec la pointe d'un couteau pour faire sortir le dard; on suce ensuite vivement la blessure pour enlever une partie du venin. En dehors de cette pratique, nous ne saurions trop le répéter, il n'existe pas de remède.

L'abeille ouvrière ne pique qu'à son corps défendant, lorsqu'elle croit sa ruche et ses provisions menacées, ou qu'on la saisit avec la main.

Rien n'est contagieux comme la colère des abeilles; aussi n'est-il pas rare, lorsqu'on a reçu une première piqûre, d'en recevoir coup sur coup, deux, cinq, dix, et, finalement, d'être contraint, lorsqu'on n'est pas parfaitement aguerri, de prendre la fuite. Le mieux est, dans ces circonstances, de s'éloigner un moment pour donner le temps aux abeilles de se calmer.

Les apiculteurs supposent que c'est l'odeur du venin introduit dans la blessure qui irrite les abeilles. Nous ignorons ce qu'il peut y avoir de fondé dans cette version, peu vraisemblable. Quoi qu'il en soit, comme eux nous recommandons, lorsqu'on a été piqué, de s'éloigner quelques secondes de la ruche, soit pour donner à l'odeur du venin le temps de s'évaporer, soit, plutôt, pour laisser calmer l'irritation des abeilles.

Une chose qu'il est fort important de noter, c'est que les abeilles, lorsqu'elles sont irritées, se précipitent sur les choses animées qui remuent auprès de la ruche ; les mouvements brusques ont surtout le don de les mettre en colère. Il faut donc bien se garder, lorsqu'on approche d'un rucher, d'agiter les bras pour chasser les abeilles qui viennent bourdonner autour de la figure et même s'y reposer.

Il ne faut pas perdre de vue qu'une abeille qui se pose sur les habits, sur la main ou sur le visage, ne veut pas piquer ; — qu'on n'oublie jamais, à cet égard, qu'aucun geste n'est de nature à chasser une ouvrière en colère : celle-ci se précipite sur sa victime et la frappe instantanément avec une rapidité foudroyante ; or celles qui bourdonnent autour de l'apiculteur témoignent, en n'ayant pas pris un élan préliminaire, que leurs intentions sont toutes pacifiques. — Inutile donc de les irriter en les chassant.

Les couleurs trop voyantes ont encore le don d'irriter les abeilles. Il en est de même des mauvaises odeurs : aussi les ouvrières se montrent-elles intraitables pour les apiculteurs qui ont l'haleine forte ou qui revêtent des costumes de couleurs éclatantes.

Nous avons dit que les abeilles ne piquaient qu'à leur corps défendant, pour repousser un ennemi qui menace leur ruche. La preuve de cette assertion résulte de ce fait que les abeilles ne deviennent agressives qu'autour de leur ruche ; loin de leur demeure, elles ne piquent jamais, à moins qu'on ne les prenne avec la main.

On a écrit beaucoup de fables sur la prétendue férocité des abeilles ; elles serviraient même d'instruments de torture à des peuplades sauvages qui, au dire de certains historiens, enduiraient de miel le corps de leurs victimes pour les exposer aux piqûres des abeilles. Garibaldi, notamment, assure-t-on, aurait subi les tortures d'un pareil supplice. Nous sommes trop l'ami des abeilles pour ne pas les laver d'une pareille accusation : — une butineuse (on appelle ainsi les abeilles qui vont aux provisions) ne pique jamais. Voici, du reste, l'expérience concluante que nous fîmes un jour pour rassurer les voisins de notre rucher, qui, chaque fois qu'un enfant était piqué par une guêpe ou un frelon, mettaient invariablement ce méfait à l'actif de nos abeilles. — Nous plaçâmes un rayon de miel dans une caisse ouverte, que nous transportâmes à une dizaine de mètres du rucher, en plein soleil. Deux ou trois heures après, la caisse disparaissait sous une épaisse couche d'abeilles, qui venaient enlever le miel. C'est ce moment que nous choisîmes pour faire notre expérience et convaincre nos voisins de l'innocence des abeilles : — les bras nus jusqu'au coude et le visage découvert, nous prîmes la caisse, dans l'intérieur de laquelle nous plongeâmes la tête pendant qu'une personne aguerrie frappait fortement contre les parois extérieures. Nous fûmes littéralement ensevelis sous un épais nuage d'abeilles. Ni notre aide, ni nous, n'avons reçu une seule piqûre.

Cette expérience pourrait faire croire à bien des gens que les abeilles reconnaissent la personne qui les soigne et qu'elles se montrent reconnaissantes de ses attentions en ne l'attaquant pas lorsqu'elle vient les déranger. Il n'en est rien pourtant : les abeilles ne reconnaissent pas leur maître ; si celui-ci n'est pas maltraité par ses pensionnaires, c'est uniquement parce que, connaissant leurs mœurs, il sait comment on doit les manipuler.

Les abeilles, toutefois, quoique ne sachant pas distinguer une personne d'une autre, se familiarisent avec l'homme et finissent par s'habituer à être manipulées par lui ; aussi doivent-elles être considérées comme de véritables animaux domestiques, dans l'acception propre du mot. Prenez, en effet, une colonie d'abeilles, dont la ruche est éloignée de toute habitation, et qui ne voit que rarement des hommes. Transportez-la près de votre maison ; pendant les premiers jours, votre seule apparition, à dix mètres du rucher, irritera les abeilles. Après un certain temps, elles se seront familiarisées avec les personnes de la maison, et les enfants pourront alors jouer autour de la ruche sans s'exposer à être piqués. L'état de domesticité sera encore plus rapide, si l'on ouvre souvent la ruche pour manipuler les abeilles.

Les abeilles sont très courageuses, et l'imprudent qui voudrait les braver en face s'exposerait aux plus graves dangers; car les piqûres réunies de toutes les abeilles d'une ruche pourraient entraîner la mort. Mais, chose remarquable, autant les abeilles sont courageuses lorsqu'elles se rendent compte du danger, autant elles deviennent craintives lorsqu'elles ne le voient pas ou qu'elles sont surprises. Les apiculteurs tirent parti de cette circonstance pour les dompter et les manipuler à visage découvert et à mains nues. Pour obtenir ce résutat, ils abordent les ruches par derrière, c'est-à-dire du côté opposé au trou par où entrent et sortent les abeilles. Du côté opposé se trouve la porte de la ruche. On ouvre cette porte et on projette de la fumée dans la ruche. Les abeilles, surprises à l'improviste, s'irritent tout d'abord; mais cette irritation tombe bientôt pour faire place à la frayeur. Effrayées par un danger invisible, elles font entendre un signal d'alarme et se décident à quitter la ruche. Elles ne résistent que si le temps n'est pas favorable à l'émigration; mais, avant de partir, elles ont toujours le soin de faire des provisions de route; aussi les voit-on plonger leur tête dans les cellules et se gorger de miel. Nous avons déjà dit, dans la première partie de notre travail, que les abeilles étaient inoffensives lorsqu'elles avaient leur jabot plein. C'est précisément pour les obliger à se metre dans cet état que les apiculteurs les surprennent par derrière en projetant de la fumée dans les ruches.

On reconnaît que les abeilles sont devenues inoffensives et maniables à un bruissement particulier qu'elles font avec leurs ailes; aussi dit-on alors qu'elles sont *en bruissement*.

Ce bruissement, dont nous parlons pour la première fois, nous amène à parler des différentes intonations qui permettent aux abeilles de se transmettre quelques-unes de leurs impressions; de telle sorte qu'on peut dire que, par des sons divers et spéciaux, elles se font mutuellement comprendre.

Nul ne peut espérer devenir un apiculteur sérieux, s'il ne parvient, à son tour, à comprendre le langage des abeilles. C'est cette connaissance des intonations employées par les abeilles qui est le secret des grands succès obtenus, en apiculture, par les maîtres de la science apicole. L'apiculteur qui soigne les abeilles sans connaître leur langage, nous produit l'effet d'un aveugle qui cherche à marier des couleurs; pour un bon résultat que le hasard pourra lui faire obtenir, il aura à enregistrer cent déboires. L'apiculteur, en effet, qui n'aura pas sérieusement étudié le langage des abeilles sera forcé, à chaque instant, d'ouvrir ses ruches pour savoir ce qui s'y passe; car, par cela même qu'on se substitue à la nature pour régler les travaux des abeilles, on doit les diriger sans faire aucune fausse manœuvre ; il est nécessaire, pour cela, de faire avec à-propos les opérations qui sont opportunes. Toute erreur, sur ce point, a toujours des conséquences graves, qui jettent la perturbation dans la ruche et traduisent en une perte sèche les bénéfices qu'on escomptait. D'autre part, des visites trop nombreuses fatiguent beaucoup les abeilles; il ne faut faire que celles qui sont rigoureusement indispensables; mais lorsque l'utilité d'une visite est reconnue, il ne faut pas négliger de la faire en la renvoyant à plus tard. Or le langage seul des abeilles permet à l'apiculteur exercé de connaître en partie ce qui se passe dans une ruche sans même l'ouvrir.

Le pasteur Johann Stahala, de Dolein, près Olmütz, a essayé, le premier, de rédiger un traité sur les sons des abeilles. Mais, d'après nous, il n'a que très imparfaitement réussi à traduire les sons qu'il cherchait à transcrire sur le papier. Nous ne chercherons donc pas ici à reproduire cet essai de grammaire, fort remarquable du reste. Nous nous bornerons à donner, à cet égard, un conseil aux novices qui voudront sérieusement étudier l'apiculture ; s'ils le suivent, il leur permettra de se familiariser à la longue avec le langage des abeilles. Il leur suffira, pour atteindre ce but, de se livrer à des études comparatives. Ainsi, par exemple, s'ils ont une ruche orpheline, qu'ils écoutent, le soir surtout, les intonations plaintives qui sortent de cette ruche; qu'ils aillent ensuite écouter le bruissement d'une autre colonie, qui se trouve dans de bonnes conditions, et ils jugeront facilement de la différence : le cri plaintif de l'orphelinat se gravera pour toujours dans leur esprit.

S'ils veulent reconnaître le cri de colère des abeilles, qui est court, sec et ronflant, qu'ils ferment l'ouverture de la ruche avec une toile métallique, et qu'ils écoutent ensuite le bruit des ailes des abeilles qui se précipitent contre la toile pour venir piquer l'observateur. C'est ce dernier bruit surtout qu'il est indispensable de bien connaître pour ne pas se faire piquer quand on visite l'intérieur des ruches; car, lorsqu'une abeille s'irrite, sa colère est contagieuse et toute la colonie ne tarde pas à se précipiter sur l'imprudent qui ne tient pas compte ou n'a pas su comprendre cet avertissement. Lors donc qu'on manipule des abeilles, il faut toujours avoir l'oreille tendue pour saisir le premier cri de colère qui se produit et arrêter aussitôt l'irritation générale en calmant les abeilles avec de la fumée.

La colère des abeilles se reconnaît encore à d'autres indices. Une abeille irritée commence par faire entendre le bruit sec dont nous avons parlé; elle le répète plusieurs fois, par intervalles de plus en plus rapprochés, avant de se lancer sur son ennemi; après avoir ainsi manifesté son irritation, elle se met à courir en tout sens, les ailes écartées, prête à prendre le vol; quelquefois elle s'élance brusquement sur ce qui l'irrite; mais, le plus souvent, avant d'en venir à cette extrémité, et pour mieux observer son ennemi, elle prélude à l'attaque par un vol rapide, qu'elle exécute en zigzag. Tels sont les principaux signes d'irritation, qu'il faut toujours surveiller avec le plus grand soin quand on veut manipuler les abeilles.

Les abeilles sont plus irritables certains jours que d'autres; de même, toutes les heures de la journée ne les trouvent pas également disposées à se laisser manier. Un excès de chaleur et l'électricité exercent une très grande influence sur leurs nerfs. Aussi telle ruche, dont les abeilles se sont montrées fort douces le matin, ne peut-elle souvent être visitée qu'avec beaucoup de difficultés dans l'après-midi d'une journée chaude et orageuse. Il en est de même lorsque le temps est ou trop frais ou qu'il pleut. Dans ce cas, l'irritation excessive de la colonie est due à une tout autre cause : elle est due à la présence d'un grand nombre de vieilles abeilles, retenues dans la ruche par le mauvais temps, et qui sont toujours plus intraitables que les jeunes abeilles, que, presque seules, on trouve dans les ruches lorsque le temps est beau.

Toutefois, un bon apiculteur parvient toujours à mettre les abeilles en bruissement par tous les temps et à toute heure de la journée.

Les abeilles en état de bruissement deviennent si inoffensives qu'on peut les faire tomber par terre, en brossant les rayons avec les barbes d'une plume, sans qu'une seule s'avise de se défendre, pourvu qu'on la brosse dans le sens de ses poils, c'est-à-dire de haut en bas (les abeilles ont toujours la tête tournée vers le haut des rayons). Il est fort dangereux, au contraire, de les brosser à rebrousse-poil. Nous croyons fort utile d'insister sur ce point très important. Pour que la chose se grave mieux dans l'esprit des novices, nous allons, sans chercher à anticiper sur le chapitre des essaimages, raconter un accident dont un apiculteur de notre connaissance a été victime : Bastian, qui a écrit un livre un peu fantaisiste sur les abeilles, a commis une très grave erreur : il recommande de brosser les abeilles de bas en haut, c'est-à-dire à contre-poil. L'apiculteur auquel nous faisons allusion, qui avait appris l'apiculture dans le livre de cet auteur, suivit ces indications pour cueillir un jour un essaim naturel qui était posé contre le tronc d'un arbre. Aussitôt les mouches furieuses se précipitèrent sur lui et le piquèrent d'une façon atroce. A la suite d'une enflure considérable, il eut un accès de fièvre qui dura trois trois jours, avec un délire qui inspira les plus vives inquiétudes. Il est devenu depuis un de nos meilleurs apiculteurs; mais il ne brosse plus les abeilles que de haut en bas.

Nous ne saurions trop insister sur tous ces détails, qu'on ne doit jamais perdre de vue lorsqu'on manipule des abeilles. Ces dernières, encore une fois, sont toujours inoffensives lorsqu'on s'inspire de leurs mœurs, de leur instinct, de leurs sensations, et qu'on en tire profit pour les manier; tandis qu'elles deviennent féroces lorsqu'un ignorant vient, par sa maladresse, heurter sans précaution leurs habitudes et les faire souffrir.

Il en est, du reste, des abeilles comme de tous les animaux domestiques dont on peut dire : « Cet animal est fort méchant; quand on l'attaque, il se défend. » Ainsi, par exemple, tel cheval, parfaitement docile d'ailleurs, peut tuer d'une ruade son palefrenier, si ce dernier commet l'imprudence de le surprendre brusquement par derrière en lui passant, sans le prévenir, la main entre les cuisses. Il en sera de même s'il le brutalise, en le frappant sur quelque partie du corps plus sensible à la douleur que d'autres. Quoi de surprenant dès lors si les abeilles s'irritent sous l'impression douloureuse que leur causent les barbes d'une plume qui les brosse à rebrousse-poil.

Ajoutons que lorsque les barbes d'une plume poussent une abeille qui se trouve dans une position horizontale, l'effet est exactement le même que lorsqu'on la brosse de haut en bas.

Les ouvrières s'usent vite au travail : en été, elles deviennent vieilles en moins de six semaines; en hiver, saison du repos, elles vivent environ cinq mois. L'été, la mortalité dans une forte ruche est, en moyenne, de 3 à 400 ouvrières par jour. C'est ce qui explique pourquoi la mère doit avoir une prodigieuse fécondité pour pouvoir les remplacer et pondre en même temps de nouveaux essaims. On croit généralement que ces 3 ou 400 ouvrières, qui disparaissent journellement d'une colonie, sont mortes de vieillesse ou d'épuisement, n'ayant pu regagner leur demeure au retour des champs. C'est là une très grave erreur qu'on commet, du moins pour une bonne partie d'entre elles, qui, reconnues impropres au travail par les abeilles valides, les expulsent impitoyablement de la ruche. Ce fait qui, croyons-nous, n'a encore été constaté dans aucun ouvrage d'apiculture, trouvera peut-être des incrédules. Il est cependant bien facile à observer; — il n'y a pour cela qu'à examiner l'entrée des ruches pendant la belle saison; — à chaque instant, on verra de vieilles abeilles entraînées au dehors par des abeilles jeunes. Tous les apiculteurs ont certainement constaté ce fait; mais ils supposent, en général, que ces vieilles abeilles expulsées des ruches sont des pillardes étrangères auxquelles les autres livrent bataille pour défendre leurs provisions. Il arrive souvent, en effet, que des pillardes s'introduisent dans les ruches faibles pour voler le miel, ce qui donne lieu à des combats acharnés.

Il y a pourtant un signe infaillible qui permet de distinguer les pillardes des vieilles abeilles : — l'abeille pillarde est vigoureuse; elle se défend avec énergie; lorsqu'elle est entraînée hors de la ruche où elle s'est introduite, elle se pelotonne avec son adversaire et les deux combattants roulent par terre, en disputant chaudement leur vie.

La vieille abeille, au contraire, ne se défend pas (elle n'en a pas la force), elle se borne à résister aux abeilles qui l'entraînent.

en se cramponnant avec ses pattes à tout ce qu'elle rencontre sur sa route, mais elle n'accroche jamais les assaillants. C'est précisément l'observation de ce fait, que tout le monde peut faire après nous, qui nous permet d'affirmer que les abeilles expulsent de la ruche celles d'entre elles qui leur paraissent trop âgées et, par suite, impropres au travail.

Nous avons parlé des combats que les abeilles d'une ruche livrent aux pillardes qui viennent voler leur miel. Ce qui se passe à cette occasion est fort curieux.

On croit généralement, et cette supposition est très vraisemblable, que les abeilles se reconnaissent entre elles à l'odeur. A quel autre indice, en effet, pourraient-elles se reconnaître, puisque aucun signe extérieur ne distingue une abeille d'une autre? — Quoi qu'il en soit, c'est là une opinion fort accréditée, que nous partageons absolument. Ce qui semble confirmer notre croyance à cet égard, c'est que chaque fois qu'une abeille se présente sur le guichet d'une ruche, les gardiennes de cette ruche, qui obstruent l'entrée, viennent la reconnaître en la palpant avec leurs antennes, qu'on suppose être, comme nous l'avons dit ailleurs, le siège de l'odorat. Si elle est reconnue comme étant de la ruche, on la laisse passer; mais si elle est étrangère, sa qualité est vite reconnue et elle est immédiatement expulsée; car les abeilles sont, par caractère, fort peu hospitalières. Toutefois, si une abeille étrangère entre dans une ruche en apportant des provisions, elle est adoptée.

Les abeilles ont la mémoire des lieux poussée à un point extrême. En cela, elles ont tout l'instinct des pigeons voyageurs, aussi retrouvent-elles facilement leur demeure, à laquelle elles reviennent toujours, à moins qu'elles n'aient été dépaysées par un transport de leur ruche à plusieurs kilomètres de l'endroit où elles ont l'habitude de la retrouver. On est donc forcé, lorsqu'on déplace les ruches, de prendre les plus grandes précautions pour ne pas perdre les abeilles. Ces précautions consistent, lorsqu'on a changé une ruche de place, à obliger les abeilles à bien reconnaître cette nouvelle place avant de prendre leur vol.

La première fois qu'une abeille sort de sa ruche, elle ne s'éloigne que de quelques centimètres pour se retourner aussitôt vers son point de départ; elle vole tout autour pour bien la reconnaître; elle répète le même manège en s'éloignant un peu plus; elle rentre dans la ruche pour en ressortir aussitôt et voler un peu plus loin, toujours en se retournant vers la ruche et en faisant, tout autour, des circuits dans les airs; ces circuits vont sans cesse en s'agrandissant. On dit, dans ce cas, que « les abeilles apprennent leur vol ». Elles reconnaissent ainsi le pays et la place de la ruche. Ce n'est que lorsque l'abeille a parfaitement connaissance des lieux, qu'elle sort sans hésiter de la ruche pour se diriger en ligne droite vers les champs.

On comprend donc que si l'on déplace la ruche pendant que les ouvrières sont dehors, elles ne puissent plus la retrouver. Dans ce cas, on les voit, à leur retour, voltiger tout autour de leur ancienne place, et puis, en désespoir de cause, se jeter dans les ruches les plus proches, où, comme nous l'avons dit, elles reçoivent l'hospitalité lorsqu'elles se présentent avec des provisions.

Il va sans dire que si, à la place de l'ancienne ruche, on en met une autre, c'est toujours à cette dernière que les abeilles qui reviennent des champs donnent la préférence. Les apiculteurs tirent parti de cette circonstance pour fortifier les ruches faibles, qu'ils placent, comme nous le verrons plus tard, sur le siège d'une ruche forte; car, généralement, l'abeille qui ne retrouve pas sa ruche se réfugie de préférence dans celle qui se trouve la plus rapprochée du point où elle a l'habitude de revenir.

Voilà pourquoi, lorsqu'on veut déplacer une ruche sans trop jeter la perturbation dans la colonie, on doit l'éloigner insensiblement, de cinquante centimètres au plus par jour. Si cependant les abeilles ne sont pas sorties depuis plusieurs jours, on peut les porter à des distances plus fortes, car lorsque le mauvais temps a retenu un certain temps les abeilles dans la ruche, celles-ci font exactement, mais dans un tout autre but, le même manège que lors de leur première sortie. Cette fois, elles font ce qu'on est convenu d'appeler le *soleil d'artifice*, sorte de gymnastique aérienne, assez semblable à celle des moucherons : cet exercice est nécessaire aux abeilles pour les aider à évacuer leurs excréments, qu'elles ne lâchent jamais dans la ruche, à moins d'y être contraintes par la maladie.

Grâce à cette gymnastique, qui les oblige de tournoyer autour de la ruche avant de s'envoler vers les champs, les abeilles ne tardent pas à s'apercevoir du déplacement de leur demeure; or, une fois leur attention éveillée sur ce point, elles prennent la précaution de bien fixer leur nouvelle place avant de s'éloigner. Néanmoins, par la force de l'habitude, elles reviendront, à leur retour, visiter la place primitive; mais si celle-ci n'est pas occupée par une nouvelle ruche, les abeilles, après avoir longtemps voltigé, se décideront, de guerre lasse, à revenir à la nouvelle place occupée par la ruche.

L'observation que nous venons de faire ne se trouve consignée dans aucun traité d'apiculture; elle est cependant vraie de tous points; car elle se trouve confirmée par une expérience qui est péremptoire. Au commencement du mois du novembre 1878, celui qui écrit ces lignes changea de logement. Notre nouveau domicile est situé à 200 mètres environ de l'ancien. Il s'agissait d'y transporter notre petit rucher, qui se compose de 16 ruches superposées les unes sur les autres. A cet effet, la veille du déménagement, nous enfermâmes, pendant la nuit, les abeilles dans les ruches. Nous les transportâmes, le lendemain matin, à leur nouvelle place. Pour éviter une trop brusque sortie provoquée par l'irritation occasionnée par le transport, nous les retînmes prisonnières pendant toute la journée: nous n'ouvrîmes le guichet que lorsque le calme fut rétabli et que la nuit fut arrivée. — Le lendemain, les abeilles n'apercevant plus, en se présentant au guichet, les objets qui frappaient leurs regards l'avant-veille, prirent toutes les précautions nécessaires pour se reconnaître avant d'aller butiner dans la campagne, après quoi elles s'élancèrent dans l'espace; mais, à peine se furent-elles éloignées de quelques mètres, qu'elles reconnurent aussitôt le pays; elles se dirigèrent sur-le-champ vers notre ancien logement. Quelques heures après, le jardin où se trouvait primitivement leur rucher était littéralement noir d'abeilles, qui, désorientées, volaient dans toutes les directions et finissaient par se poser partout. Ce désordre dura toute la journée. Vers le soir, pourtant, les abeilles, se souvenant des lieux d'où elles étaient sorties le matin, revinrent toutes dans leurs ruches respectives. Le même fait se renouvela, mais dans des proportions moindres, qui allaient sans cesse en décroissant, pendant trois ou quatre jours; après ce délai, les abeilles finirent par renoncer à venir visiter les lieux primitivement occupés par elles.

M. Ch. Dadaut, le savant apiculteur américain, dont nous aurons souvent occasion de parler, fut informé par nous de ces faits. Il nous fit l'honneur de nous répondre qu'il avait eu occasion de faire lui-même un déplacement analogue de ruches, qui avait donné des résultats absolument identiques. Ce fait nouveau prouve, une fois de plus, combien la mémoire locale est développée chez les abeilles.

Nous appelons tout particulièrement l'attention de ceux qui veulent s'occuper d'apiculture sur la façon dont les abeilles construisent leurs rayons; car nous en déduirons plus tard certains principes qu'on ne devra jamais perdre de vue lorsqu'on voudra faire construire aux abeilles des rayons absolument droits, chose indispensable lorsqu'on fait de l'apiculture mobiliste. Voyons, pour cela, ce qui se passe lorsqu'un essaim, livré à l'état de liberté, vient se loger dans un tronc d'arbre.

Les abeilles s'attachent au plafond et se suspendent en guirlandes pour sécréter la cire. Une première abeille vient attacher au plafond le petit bloc de cire qu'elle a obtenu en mastiquant les lamelles qu'elle a retirées des anneaux de l'abdomen. Un autre lui succède pour augmenter le tas, et ainsi de suite. Tous ces petits tas, qui se soudent les uns aux autres, forment une ligne droite. Sur cette ligne, les abeilles déposent une seconde couche de cire, qui vient allonger la première vers le bas. Elles descendent successivement, en l'allongeant toujours, cette ébauche de construction, de manière à en former une véritable cloison, qui porte, du reste, le nom de *cloison médiane des rayons*. Au fur et à mesure que cette construction s'allonge vers le bas, les abeilles quittent le plafond pour se suspendre à cette cloison médiane, qui est lexcessivement molle et flexible. Le poids des abeilles qui y sont suspendues fait prendre à cette cloison une position verticale. Il se produit ici un fait analogue à celui du fil à plomb : — la cire remplit l'office de fil, et les abeilles celui du poids qui y est attaché. C'est ce qui explique comment les abeilles, lorsqu'elles sont livrées à elles-mêmes, font toujours suivre, quoique d'une façon inconsciente, une ligne verticale à leurs constructions.

Une fois que les abeilles ont construit, sur une certaine profondeur, la cloison en ligne droite dont nous venons de parler, elles se divisent en deux groupes. Une partie des abeilles continue à descendre l'édifice, tandis que l'autre s'occupe à former des cellules sur les deux côtés de cette cloison. A cet effet, une abeille creuse avec ses mandibules, à la partie supérieure de la cloison, une niche à fond pyramidal ; elle se sert du déblai pour former une cellule hexagonale dont les parois sont perpendiculaires à la cloison médiane. Pendant qu'elle fait cette opération, d'autres se livrent à un travail identique, tandis qu'un autre groupe en fait de même, en face, sur l'autre côté de la cloison. La cloison médiane ne pouvant fournir les matériaux nécessaires pour donner aux cellules la profondeur voulue, les abeilles, cette fois, au lieu de déposer la cire qu'elles retirent des anneaux de l'abdomen sur la cloison médiane, viennent l'appliquer directement sur les cloisons mêmes des cellules. Le fragment de rayon que nous donnons ici montre la disposition des cellules qui se trouvent sur les deux côtés de la cloison médiane. La figure suivante montre un morceau de rayon vu de face.

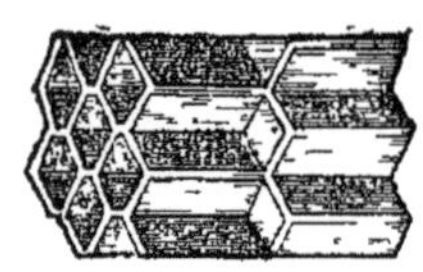

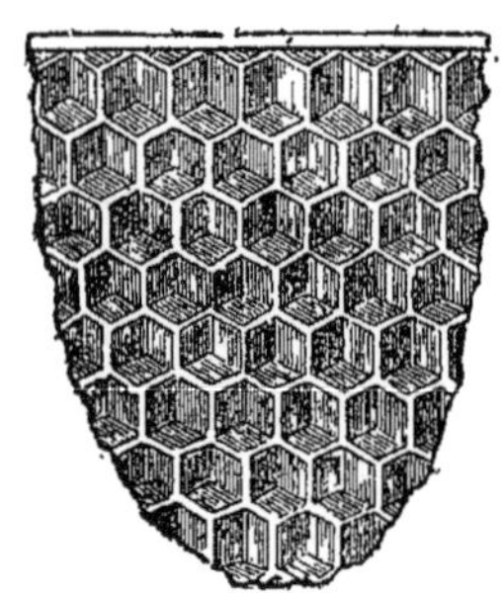

Lorsque les abeilles ont un peu descendu le premier rayon, elles en construisent deux autres à droite et à gauche du premier, qui sert en quelque sorte de jalon pour construire les seconds. Tous ces rayons sont parallèles entre eux lorsqu'ils sont simultanément construits par les abeilles. Ce parallélisme s'explique par ce fait, que tous les rayons étant fraîchement construits et simplement attachés par un seul côté au plafond de la ruche prennent tous, grâce à leur flexibilité, une position verticale, qui est provoquée par le poids même des abeilles qui sont accrochées à l'arête inférieure du rayon. Il résulte encore de là que la construction de tous les rayons marchant de front, ceux-ci arrivent ensemble au fond de la ruche. C'est alors que les abeilles les élargissent pour les fixer sur les côtés; ce qui ne leur permet plus de se déjeter dans aucun sens; ils sont ainsi obligés de durcir en conservant le parallélisme dont nous avons parlé. Mais une fois que ces premiers rayons sont terminés et consolidés, le parallélisme deceux que les abeilles s'avisent de construire ultérieurement cesse d'être irréprochable. Ce second fait prouve clairement que si les abeilles suivent un plan vertical dans leurs constructions, on ne doit pas l'attribuer à leur discernement; car elles agissent ici d'une façon parfaitement inconsciente. Que se passe-t-il, en effet, à la reprise des travaux, pour l'édification des nouveaux rayons? Cette fois, les abeilles n'ont pas le même entrain; car elles ne construisent plus que des rayons complémentaires conçus après coup. La ligne qui doit servir de base à la construction est bien toujours attachée en ligne droite au plafond; mais cette ligne n'est pas toujours parallèle aux vieux rayons, dont la rigidité ne se prête plus à servir de guide. Aussi, ici, les abeilles ne sont-elles plus guidées que par leur caprice, qui les pousse, parfois, dans leur seconde construction, à former des angles avec les premières. D'autre part, l'espace s'étant rétréci, les abeilles suspendues à l'arête inférieure du nouveau rayon forment des guirlandes qui partent de cette arête pour aller s'accrocher aux vieux rayons, dont le rapprochement et le manque de flexibilité gênent la *tombée* des guirlandes d'abeilles. Le nouveau rayon, cette fois, au lieu de suivre un plan vertical, prend une direction oblique donnée par la guirlande d'abeilles qui lui sert de lest. Pendant qu'il s'allonge dans cette direction, les abeilles commencent à souder les côtés; ce qui fait que la direction oblique se trouve maintenue lorsque les abeilles cessent de tirailler le rayon par le fond.

Les abeilles construisent sur la cloison médiane des rayons deux espèces de cellules, sans parler des alvéoles maternels dont nous aurons à nous occuper plus tard. Ces différentes cellules servent à deux fins: 1° à loger les provisions; 2° à élever les petits, en d'autres termes, *le couvain*. Les cellules ont deux dimensions différentes; les unes, qui sont petites, sont destinées à recevoir le couvain d'ouvrières; les autres, qui sont plus grandes, reçoivent celui de mâles. L'épaisseur ordinaire des rayons formés par les cellules est de 26 à 27 millimètres. Un espace vide de 9 millimètres est laissé entre eux pour la circulation de l'air et des abeilles.

M. Collin s'est livré à des calculs intéressants sur le nombre de cellules contenues dans un décimètre carré de rayons :

« L'apothème ou petit rayon d'un alvéole d'ouvrière, dit-il, a une longueur de dix millimètres six dixièmes. 2,6000

« Chaque côté du même alvéole a donc. 3,0020

« La surface, en millimètres carrés, est donc de. . . 23,4156

« Donc un gâteau d'un décimètre carré renferme 427 cellules sur chaque face, ou 854 sur les deux.

« Dix-neuf cellules d'ouvrières mesurent un décimètre, à un millimètre près.

« L'apothème d'une cellule de bourdon est de. . . . 3,3000

« Chaque côté de cette cellule a donc. 3,8110

« La surface, en millimètres carrés, est donc de. . . 37,7289

« Un gâteau d'un décimètre carré renferme donc 265 cellules sur chaque face, ou 530 sur les deux.

« 15 cellules de mâles mesurent un décimètre. »

Les travaux de construction des ouvrières ne se bornent pas à édifier des rayons ; elles bouchent encore avec le plus grand soin toutes les fissures qui seraient de nature à laisser pénétrer un courant d'air dans la ruche. Les abeilles aiment l'air, mais elles redoutent les courants d'air pour leur couvain. On peut s'assurer de l'exactitude de notre assertion, en pratiquant une ouverture, dans une ruche, sur un côté autre que celui où se trouve l'entrée des abeilles. Dans ce cas, il s'établira un courant d'air ; or, si la colonie est vigoureuse, elle fermera aussitôt cette ouverture, même au plus fort de l'été, alors que l'excès de chaleur oblige pourtant une partie des abeilles de se tenir en dehors de la ruche jusqu'à une heure avancée de la nuit. Il en sera tout autrement, du moins pendant les fortes chaleurs de l'été, si l'orifice est pratiqué du côté où se trouve l'entrée de la ruche. Il y aura bien ici aussi introduction d'air sur deux points différents de la ruche, mais il n'y aura pas de courant d'air, du moins dans le centre de la ruche occupé par le couvain ; dans ce cas, les abeilles ne mastiqueront pas l'orifice. Nous insistons sur ce point important, qui nous semble ne pas avoir été parfaitement compris par la généralité des apiculteurs ; même les plus distingués ont le tort de ménager des ouvertures destinées à rafraîchir la ruche pendant l'été : « Encor une fois, autant les abeilles ont besoin que l'air pénètre facilement dans leurs ruches, autant les courants d'air leur sont contraires. »

Les abeilles bouchent les fentes de leur ruche, lorsque ces fentes sont étroites, avec une matière résineuse qu'elles récoltent sur les bourgeons de certains arbres. Cette matière porte le nom de propolis. Si les fentes sont trop larges pour être propolisées, les abeilles les bouchent avec de la cire. Elles se servent encore de cire pour rétrécir, aux approches de l'hiver, l'entrée de leur ruche. Les abeilles, pour ces travaux de maçonnerie, font usage de vieille cire qui, malaxée à nouveau, prend une teinte gris cendré. Mais ici se place une observation curieuse : toutes les abeilles ne font pas également usage de vieille cire; de même encore, toutes les abeilles ne retrécissent pas l'entrée de leur ruche aux approches de l'hiver. Les abeilles noires font peu usage de vieille cire, les abeilles jaunes s'en servent un peu plus; les abeilles carniolienes, au contraire, mettent en réserve les excédents de cire, dont elles font des tas sur la cloison médiane des rayons qu'elles toudent au ras de la cloison. M. J. Perez, professeur de zoologie à la Faculté des sciences de Bordeaux, a même observé que les abeilles venaient prendre, sur le tablier de la ruche, des morceaux de cire qu'il y avait déposés, et, qu'après un certain temps, il ne restait plus que des débris sur le guichet.

Il est donc parfaitement établi, aujourd'hui, « que les abeilles utilisent la vieille cire »; ce fait est fort important : il donne raison aux mobilistes, qui utilisent les vieux rayons pour empêcher les abeilles d'en construire de neufs, opération dont elles se dispensent volontiers chaque fois qu'elles en ont de vieux à leur disposition.

Quant au rétrécissement de l'entrée des ruches aux approches de l'hiver, nous répétons, sans chercher à expliquer ce phénomène, que toutes les abeilles ne sont pas dans l'habitude de le faire. Ajoutons que les apiculteurs qui considèrent comme le pronostic d'un hiver rigoureux le rétrécissement, par les abeilles, des guichets de certaines ruches, se trompent. Les abeilles ne prévoient pas le temps; s'il en était autrement, elles ne se laisseraient jamais surprendre, au dehors, par le froid et par les orages. Nous ignorons à quel instinct obéissent les abeilles qui rétrécissent, aux approches de l'hiver, l'entrée de leur ruche; mais ce dont nous sommes bien certain, c'est que toutes les abeilles ne le font pas, et que, chez celles qui le font, on observe ce phénomène aussi bien aux approches d'un hiver doux que d'un rigoureux. Nous relevons la preuve de notre assertion dans la constatation du fait suivant : Pendant l'hiver de 1877 à 1878, nous avions quatre magnifiques colonies d'abeilles italiennes, superposées les unes aux autres, ayant toutes les quatre l'exposition d'est. Toutes les quatre avaient une mère née au printemps de 1877. Une seule boucha aux trois quarts l'entrée de sa ruche, à la fin de l'automne de 1877. Pendant l'hiver de 1878 à 1879, ces mêmes colonies, toujours superposées les unes aux autres, et ayant les mêmes mères, étaient exposéses au sud. Le même essaim, qui avait rétréci l'entrée de sa ruche à la fin de l'automne de 1877, en fit de même aux approches de l'hiver, en 1878. Cette fois, seulement, il ne boucha l'entrée qu'à moitié. Quant à ses voisins, ils n'ont pas touché à l'entrée de la ruche. D'où nous nous croyons fondé à dire que l'habitude de rétrécir l'entrée des ruches n'est pas commune à toutes les abeilles, mais qu'elle constitue, chez certaines, un caractère qui leur est propre; car, si cette habitude était générale, toutes les abeilles rétréciraient l'entrée de leur ruche aux approches de l'hiver. Ce fait constitue donc une exception qu'il est utile de signaler.

A présent que nous en avons fini avec les constructions des abeilles, il nous reste à voir ce qui se passe dans une colonie lorsque les gâteaux de cire sont en partie terminés.

Sans anticiper sur le chapitre que nous réservons à l'abeille-mère, son rôle s'identifie tellement avec celui des ouvrières, qu'il nous paraît difficile de ne pas dire, tout d'abord, quelques mots de sa ponte. A peine, en effet, les cellules des rayons sont-elles formées, que la mère commence à les remplir d'œufs. Lorsque les cellules ne font pas défaut, la mère dépose de préférence ses œufs sur le milieu des rayons, en laissant les cellules supérieures pour l'emmagasinage du miel et du pollen. Après avoir déposé un premier œuf dans une cellule, elle pond dans les cellules contiguës, de telle sorte que la place occupée par les œufs va sans cesse en s'élargissant, sans laisser sur le milieu des cellules occupées le moindre vide. Il résulte de là que les premiers œufs pondus se trouvent vers le centre du groupe, tandis que les plus récemment faits sont sur les bords. Cette observation, que tout le monde peut faire, a fait croire aux apiculteurs que la mère pondait en décrivant une spirale qui allait en s'élargissant. Il n'en est rien pourtant; car, s'il en était ainsi, la place occupée par les œufs formerait une circonférence parfaite, ce qui n'est pas. Nous verrons, du reste, au chapitre de la mère, comment se fait cette ponte.

Quand la mère a ainsi rempli d'œufs une partie des cellules, elle passe de l'autre côté du rayon pour pondre d'autres œufs dans les cellules opposées aux premières. Cette manière de grouper les œufs facilite leur incubation, en ce sens que les ouvrières ne sont pas forcées de s'éparpiller sur divers points de la ruche pour les réchauffer. Cette nécessité explique pourquoi la mère, après avoir rempli d'œufs un premier rayon sur ses deux faces, continue sa ponte en suivant le même ordre sur les deux rayons qui sont placés à droite et à gauche du premier, et ainsi de suite lorsque les trois premiers rayons du milieu sont pleins. Nous disons les rayons du milieu; car c'est généralement sur ce point que la mère commence de pondre. L'activité des ouvrières est subordonnée à l'importance de la ponte de la mère, qui est elle-même en rapport avec le plus ou moins d'abondance de miel que fournissent les fleurs. Il suit de là que l'activité des abeilles est plus grande au printemps que pendant tout le restant de l'année et qu'elle devient nulle pendant l'hiver.

Sitôt que la mère a commencé sa ponte, les ouvrières se partagent la besogne; les plus jeunes ouvrières restent au logis pour faire éclore les œufs et soigner les petits, tandis que les abeilles plus âgées se transforment en butineuses chargées d'aller aux provisions.

Dans une forte ruche, le nombre des ouvrières qui sont chargées des travaux intérieurs demeure à peu près invariable. Il suit de là que si la colonie prend une très grande extension, c'est toujours le bataillon des butineuses qui s'accroît, jusqu'à ce que, comme nous le verrons plus tard, une partie de l'essaim se décide à émigrer.

Nous touchons ici à un des points les plus importants de l'*apiculture mobiliste*. Aussi nous paraît-il utile d'insister sur ce que nous venons de dire, et de le justifier par des chiffres ; cette justification va nous obliger de revenir d'abord sur les métamorphoses des abeilles, et même d'empiéter encore sur le chapitre de la ponte de l'abeille mère. Pour mieux être compris, nous engloberons dans le tableau suivant aussi bien les métamorphoses de la mère et des mâles que celles des ouvrières, qui font l'objet principal de ce chapitre. Voici ce tableau :

MÉTAMORPHOSES DES ABEILLES.

DURÉE NORMALE.	MÈRE — Jours.	OUVRIÈRE — Jours.	MALE — Jours.
1° Durée de l'incubation de l'œuf.	3	3	3
2° Durée du nourrissage de la larve.	5	5	6
3° Tissage du cocon par la larve.	1	2	3
4° Période de repos.	2	3	4
5° Transformation de la larve en nymphe.	1	1	1
6° Durée de l'état de nymphe.	3	7	7
Ensemble.	15	21	24
1° L'éclosion de l'œuf, à partir de la ponte, a lieu le	4e	4e	4e
2° L'operculation de la cellule a lieu le.	9e	9e	9e
3° L'abeille sort de l'alvéole, à l'état d'insecte parfait, le.	16e	22e	25e

N.-B. — Les chiffres qui figurent dans ce tableau n'ont rien d'absolu (la température et différentes autres causes peuvent retarder, de quelques heures, la sortie de l'alvéole).

Il résulte du tableau qui précède que, trois jours après la ponte des œufs, les ouvrières ont à nourrir de jeunes larves. Comme on le voit, ce nourrissage dure cinq jours pour les larves de mère ainsi que d'ouvrière, tandis qu'il est de six jours pour les larves mâles. Il importe donc, pour avoir une idée de l'importance que cette occupation donne aux ouvrières, et pour expliquer aussi, par contre, le nombre d'abeilles qui y est consacré, d'établir, d'ores et déjà, le chiffre de la ponte.

Les avis sont très partagés sur le nombre d'œufs qu'une mère peut pondre au printemps ; les uns prétendent que le chiffre de cette ponte ne dépasse pas 1,200 œufs par jour ; d'autres élèvent ce chiffre à 4,000. Quoi qu'il en soit, cette fécondité est fort grande. Quant à nous, nous pensons nous rapprocher de la vérité en acceptant, comme moyenne de la ponte, le chiffre de 2,000 œufs par jour. Dans ce cas, nous aurons :

1er jour : 2,000 œufs ;
2e jour : 2,000 + 2,000 = 4,000 œufs ;
3e jour : 2,000 + 2,000 + 2,000 = 6,000 œufs.

Comme les œufs du 1er jour écloront le 4e, le nombre de 6,000 œufs n'augmentera pas ; mais, en revanche, nous aurons 2,000 larves le 4e jour, 4,000 le 5e, 6,000 le 6e, etc., et ainsi de suite jusqu'au 9e jour, moment de l'operculation de la cellule, où nous aurons alors 6,000 cellules occupées par des œufs et 10,000 par des larves.

D'autre part, à partir de ce 9e jour, nous aurons 2,000 cellules operculées renfermant des chrysalides ; ce nombre s'élèvera à 4,000, le 10e jour, et, ainsi de suite, jusqu'au 21e jour, époque où l'insecte sort de l'alvéole ; de telle sorte que le 21e jour, il y aura 26,000 cellules occupées par les chrysalides ; ensemble 42,000 cellules remplies, soit d'œufs, soit de larves, soit de nymphes, — qui, à eux trois, constituent ce qu'on est convenu d'appeler *le couvain de tout âge*.

Le tableau qui suit permettra de se rendre exactement compte de la progression croissante du couvain, jusqu'à ce qu'il ait atteint l'extrême limite de 42,000 cellules occupées, limite qui ne peut être dépassée lorsque la ponte de la mère n'est que de 2,000 œufs par jour.

Il résulte de ce tableau que, pour connaître exactement la moyenne par jour de la ponte de la mère, il suffit de connaître soit le nombre des cellules occupées par des œufs et de le diviser par trois, soit celui des cellules occupées par des larves et de le diviser par cinq, soit, enfin, ce qui est beaucoup plus facile, parce que c'est plus apparent, de diviser le nombre des cellules operculées renfermant des nymphes par le chiffre treize ($\frac{26,000}{13} = 2,000$).

On n'a pas perdu de vue, à cet égard, qu'un décimètre carré de rayons contient sur chaque face, soit 427 cellules d'ouvrières, soit 265 de mâles. Il est donc très facile, comme on le voit, de se rendre compte de la prodigieuse fécondité de la mère au prin-

	JOURS DE LA PÉRIODE POUR LES ABEILLES OUVRIÈRES.						
	1	2	3	4	5	6	7
Œufs.	2.000	4.000	6.000	6.000	6.000	6.000	6.000
Larves.	—	—	—	2.000	4.000	6.000	8.000
Chrysalides . . .	—	—	—	—	—	—	—
Cellules occupées	2.000	4.000	6.000	8.000	10.000	12.000	14.000
	8	9	10	11	12	13	14
Œufs.	6.000	6.000	6.000	6.000	6.000	6.000	6.000
Larves.	10.000	10.000	10.000	10.000	10.000	10.000	10.000
Chrysalides . . .	—	2.000	4.000	6.000	8.000	10.000	12.000
Cellules occupées	16.000	18.000	20.000	22.000	24.000	26.000	28.000
	15	16	17	18	19	20	21
Œufs.	6.000	6.000	6 000	6.000	6.000	6 000	6.000
Larves.	10.000	10.000	10.000	10.000	10.000	10.000	10.000
Chrysalides . . .	14.000	16.000	18.000	20.000	22.000	24.000	26.000
Cellules occupées	30.000	32 000	34.000	36.000	38.000	40.000	42.000

temps, fécondité qui, toutefois, a sa limite; de telle sorte que le nombre des ouvrières affectées aux soins à donner au couvain ne peut pas non plus dépasser certaines bornes.

Dans les très fortes colonies, qui peuvent affecter aux soins intérieurs un nombre suffisant d'ouvrières, ce chiffre s'élève à 10,000 environ. On arrive à apprécier ce chiffre, non pas en comptant les abeilles, ce qui serait impossible, mais en les pesant (*10,000 abeilles pèsent environ un kilogramme*).

Ainsi donc, si un essaim se compose de 20,000 abeilles, 10,000 restent au logis pendant que 10,000 vont butiner; si la colonie possède 30,000 abeilles, 10,000 gardent toujours la ruche et 20,000 courent les champs; le nombre des gardiennes reste le même, tandis que celui des butineuses augmente. C'est ce qui explique pourquoi une colonie composée de 40,000 abeilles récoltera plus de miel, à elle seule, que deux essaims n'ayant que

20,000 abeilles chacun. La forte ruche, en effet, enverra 30,000 butineuses aux champs, tandis que les deux autres ne pourront disposer que de 10,000 ouvrières chacune pour faire la récolte. Voilà pourquoi, au point de vue du revenu, une forte colonie vaut infiniment mieux que deux médiocres. Ici, comme en toute chose, *la victoire appartient aux gros bataillons*.

Si la ruche est faible, la production du couvain diminue. Il n'en peut évidemment être autrement : car, si cette production dépassait les forces de la colonie, l'essaim ne pourrait soigner à la fois le couvain et aller chercher les provisions pour le nourrir. Voilà pourquoi, quel que soit le nombre restreint des ouvrières, la production du couvain se trouve toujours en rapport avec l'importance de l'essaim.

Que se passe-t-il, en effet, lorsqu'une mère, ayant des qualités excessivement prolifiques, n'a à sa disposition qu'un petit groupe d'abeilles pour soigner le couvain ? On croit généralement que, dans ce cas, la mère restreint sa ponte. Nous ne partageons pas cette croyance. Nous supposons, au contraire, que, l'œuf arrivé à maturité, il n'appartient pas à la mère de le pondre ou de ne pas le pondre. Ce qui le prouve, c'est que si l'on emprisonne une abeille-mère dans un étui au moment de la forte ponte, elle laisse tomber les œufs par terre. Il est donc difficile d'admettre qu'elle puisse les retenir lorsqu'elle s'aperçoit que les ouvrières ne sont pas en nombre suffisant pour élever convenablement toute la progéniture qu'elle peut fournir. Il est plus logique d'admettre, ce semble, que le soin de proportionner la production du couvain à l'importance de la colonie est réservé aux ouvrières. Voilà pourquoi il nous a paru plus convenabble de faire entrer dans le chapitre consacré aux ouvrières des observations qui, au premier abord, sembleraient plus à leur place dans celui que nous réservons plus particulièrement à la physiologie de la mère.

Suivant nous, la production des œufs est donc indépendante de la volonté de la mère. Cette production est subordonnée à l'influence de la température et à la nourriture plus ou moins abondante, plus ou moins fortifiante, que les abeilles administrent à la mère. Nous ignorons si l'instinct des abeilles est assez développé pour les pousser à diminuer sa nourriture dans le but de diminuer sa ponte. Nous ne le pensons pas non plus ; mais ce dont nous sommes très certain, c'est que, si la production des œufs est trop grande, les abeilles les enlèvent des cellules. Il n'est pas rare, en effet, de voir un rayon, couvert d'œufs la veille au soir, ne plus en contenir un seul le lendemain matin. Il est donc présumable que les abeilles, pour maintenir l'équilibre entre la production du couvain et le nombre des ouvrières que l'essaim peut consacrer à l'élevage, fixent elles-mêmes le nombre d'œufs réservé pour augmenter la colonie, suivant les exigences du nombre et la quantité de nourriture qu'elles retirent des fleurs. Si, en effet, la production du miel augmente, celle du couvain suit une progression croissante ; si, au contraire, la source du miel tarit dans les fleurs, la production du couvain diminue. Ajoutons que cette dernière peut également cesser lorsque la récolte du miel est très abondante; car, dans ce cas, les abeilles, pressées d'emmagasiner la récolte, s'emparent de presque toutes les cellules pour la loger. D'où une nouvelle preuve que l'importance de la production du couvain est réglée par les ouvrières et non par la mère, qui, dans l'espèce, joue un rôle absolument inconscient.

Comme nous l'avons dit plus haut, ce sont les plus jeunes ouvrières qui sont chargées des travaux intérieurs, et, particulièrement, de faire éclore les œufs, de nourrir les larves, ainsi que d'operculer les cellules. Les vieilles abeilles seraient, du reste, impuissantes à remplir certains de ces offices ; car on n'a pas perdu de vue que les nourricières mélangeaient à la nourriture du couvain, et probablement de la mère, le suc qu'elles retirent de *leur glande cervicale supérieure,* qui diminue au fur et à mesure que les abeilles avancent en âge.

Quant aux abeilles plus âgées, nous avons également dit que c'étaient elles qui allaient aux provisions. Ces provisions sont la propolis et le pollen, qu'elles transportent dans les corbeilles dont sont munies leurs pattes, ainsi que l'eau et le miel dont elles remplissent leur jabot.

L'eau est indispensable aux abeilles pour préparer la nourriture du couvain, ainsi que pour dissoudre le miel qui a pu durcir et même se cristalliser dans les cellules. L'abeille qui porte de l'eau à la ruche rentre précipitamment, pressée qu'elle est d'aller la dégorger sur le point où elle est nécessaire.

Quant à la cueillette du pollen, elle présente des particularités fort curieuses : — C'est au vol que l'abeille saisit avec ses pattes le grain du pollen, sans jamais se poser sur la fleur. Si elle se repose dans le calice, c'est uniquement pour lécher le miel qu'elle peut y trouver. Elle peut donc faire deux cueillettes à la fois : celle du pollen, qu'elle loge dans les corbeilles des pattes; celle du miel, qu'elle place dans son jabot. Mais, chose remarquable, généralement une butineuse ne mélangera pas le pollen d'une fleur avec le pollen d'une fleur d'une autre espèce; aussi l'abeille qui a commencé à butiner sur une fleur ne visitera-t-elle plus, pour compléter sa charge, que les fleurs de même espèce, sauf à en visiter ultérieurement d'autres à son second voyage. Rentrée à la ruche, elle évitera même de faire encore des mélanges de pollen : les couches de pollen d'une fleur sont superposées, dans les cellules, aux couches de pollen des mêmes fleurs. On trouve bien quelquefois différentes sortes de pollen dans une même cellule, mais la constatation de ce fait est fort rare. Le pollen est tassé avec le plus grand soin dans les cellules, probablement à l'aide des mandibules. Nous disons probablement, car bon nombre d'apiculteurs fort sérieux soutiennent que l'abeille fait ce tassement avec sa tête, qui, dans l'espèce, ferait office de bélier. Il nous paraît bien difficile qu'on ait pu faire une pareille constatation ; aussi la version que nous avons donnée nous semble-t-elle infiniment plus probable.

Quoi qu'il en soit, les jeunes abeilles restées à la ruche aident les butineuses à se décharger des provisions et à les emmagasiner. Les abeilles remplissent quelquefois jusqu'au bord les cellules avec du pollen; mais souvent aussi, après les avoir remplies en partie, elles achèvent l'opération avec du miel.

Quoique les abeilles utilisent le vieux pollen mis en réserve pour la nourriture des petits, elles n'en font cependant la récolte que lorsqu'elles ont du couvain à nourrir. Si la ruche ne contient pas de couvain, les butineuses n'apportent plus de pollen, tandis que le contraire est un signe infaillible qu'il existe des larves dans la ruche. C'est là un point fort important, qu'on ne doit jamais perdre de vue, car il permet, sans même ouvrir la ruche, de s'assurer, à la sortie de l'hiver, que la ponte est commencée et, conséquemment, que la colonie a une mère; en d'autres termes, qu'elle n'est pas orpheline. Ainsi donc, chaque fois qu'au mois de janvier nous verrons des abeilles porter du pollen à la ruche, nous pourrons, sans crainte de nous tromper, affirmer deux choses : 1° que cette colonie a une mère; 2° que cette dernière a commencé sa ponte. Nous ne voulons pas dire par là que la mère est régulièrement fécondée; mais, simplement, qu'elle existe et qu'elle a commencé de pondre.

Nous ne voulons pas dire non plus qu'il ne s'ensuit pas absolument, de ce que les abeilles ne charrient pas de pollen, que la mère n'a pas commencé sa ponte. Évidemment, au sortir de l'hiver, la reine commence de pondre, s'il se trouve du pollen en réserve dans la ruche, lors même que les butineuses ne pourraient encore s'en procurer au dehors. Mais cette exception ne se produit jamais lorsque les fleurs à pollen sont écloses.

L'emmagasinement du miel nécessite de plus grandes opérations que celui du pollen; voici ce qui ce passe à cet égard : — les abeilles prennent indistinctement le miel où elles le trouvent, mélangeant, sans le moindre souci, le miel d'une espèce de fleurs avec celui de fleurs différentes. Pour elles, la qualité n'est rien; la quantité est tout. Après avoir rempli leur jabot de miel, elles rentrent à la ruche pour le dégorger dans les cellules, qu'elles ne remplissent pas en entier. Elles l'éparpillent au contraire le plus possible, en en mettant un peu dans chacune. Voici ce qu'elles se proposent en agissant ainsi : — le miel fraîchement récolté contient de l'eau en excès. Or il est indispensable de lui faire perdre une partie de cette eau pour qu'il puisse se conserver; — c'est dans ce but que les abeilles l'étendent tout d'abord sur une grande surface de rayons, afin que la chaleur naturelle de la ruche provoque l'évaporation du superflu d'eau que contient le miel. Pour activer cette évaporation, les abeilles ont le soin, pendant la nuit, d'établir une véritable ventilation dans la ruche. Pour ne pas être entraînées par le mouvement de leurs ailes, qu'elles agitent fortement pour renouveler l'air, elles baissent la tête, relèvent leur abdomen et s'arc-boutent sur leurs pattes de devant. Plus la récolte a été abondante, et plus la ventilation est énergique. C'est à l'intensité du bruissement qu'elles font entendre lorsqu'elles ventilent, qu'on reconnaît, sans même ouvrir la ruche, si la récolte a été bonne ou médiocre pendant le jour. A l'époque de la grande récolte du printemps, après une belle journée, on entend le bruissement des fortes colonies à dix mètres de la ruche; il dure toute la nuit.

Lorsque le miel a pris la consistance voulue, ce qui n'a lieu qu'après avoir été soumis plusieurs jours à la ventilation, et même plusieurs semaines si la température n'est pas venue faciliter leur tâche aux abeilles, le miel est enlevé d'une partie des cellules et utilisé pour achever de remplir les autres. Ce sont les cellules qui occupent le haut des rayons des deux extrémités de la ruche qui sont, tout d'abord, réservées à l'emmagasinement définitif du miel; aussi appelle-t-on cette partie de la ruche « GRENIER A MIEL », par opposition à la partie du milieu réservée à l'élevage, et qu'on nomme « CHAMBRE A COUVAIN ».

Lorsque la cellule est presque pleine de miel, les abeilles commencent à l'operculer, en d'autres termes à boucher la cellule avec une légère couche de cire. Elles laissent au centre de l'opercule un petit trou rond; cet orifice leur permet d'achever de remplir la cellule, qu'elles bouchent ensuite hermétiquement.

Une des questions les plus intéressantes qui se rattachent aux travaux des abeilles est évidemment celle de l'essaimage et de l'élevage des mères. Voici comment les choses se passent :

Lorsque, après la grande ponte du printemps, les abeilles se trouvent trop à l'étroit dans leur ruche, elles se préparent à essaimer; elles se livrent dans ce but à l'élevage des jeunes mères. A cet effet, elles choisissent, soit des œufs d'ouvrières, convenablement placés, soit des vers d'ouvrières généralement âgés de moins de trois jours. Si les abeilles ne trouvent ni œufs ni larves convenablement placés pour être transformés en mères, elles enlèvent des œufs des cellules où ils ont été pondus, et les transportent dans d'autres dont la position leur convient mieux. Il est assez difficile de s'expliquer pourquoi telle place plutôt que telle autre semble préférable aux abeilles pour élever des mères; car, dans une ruche bien fournie, qui veut essaimer, on rencontre des alvéoles maternels un peu partout, soit au haut, soit au bas des rayons, soit au milieu, soit sur les côtés. Toutefois les ouvrières paraissent avoir une préférence marquée pour élever des alvéoles maternels sur la tranche des rayons; ce qui s'explique, du reste, par la nécessité où elles sont d'allonger ces alvéoles en les faisant déborder sur les cellules qui se trouvent au dessous.

Nous avons dit que, pour élever des mères, les abeilles transportaient parfois des œufs d'ouvrières d'une cellule à l'autre. Cette observation que nous avons publiée, en 1878, dans le *Journal d'Agriculture et d'Horticulture de la Gironde*, a soulevé les plus violentes polémiques. Nous pensons y avoir répondu victorieusement, aussi bien dans les journaux apicoles français, que dans les journaux étrangers qui s'occupent de ces matières. La question était des plus controversées, et nos assertions revoquées en doute par un grand nombre d'apiculteurs, lorsque M. Langstroth, un des plus célèbres apiculteurs américains, est venu nous donner raison dans le *Gleanings in bee culture*, du mois de novembre dernier, journal dans lequel il a publié des expériences concluantes, qui remontent à l'année 1864. Il résulte de ces expériences que le transport d'œufs d'une cellule à l'autre, par les ouvrières qui veulent élever des mères, est une chose parfaitement avérée. L'autorité du nom de Langstroth, que nous sommes heureux de pouvoir invoquer en faveur d'une thèse que nous avons le premier soutenue en France, mettra fin, espérons-le du moins, aux controverses engagées, en mettant notamment à néant les dénégations de l'école allemande, qui refuse d'admettre la possibilité du transport des œufs par les ouvrières.

Et cela dit, nous reprenons notre sujet. — Lorsque le ver a trois jours environ, les abeilles lui administrent une nourriture plus fortifiante qu'aux autres larves. Sous l'influence de cette nourriture, la jeune larve prend un grand développement, qui permet aux parties génitales, atrophiées chez les ouvrières, de prendre toute l'extension voulue pour rendre l'insecte propre à être fécondé. Au fur et à mesure que la jeune mère se développe, les abeilles allongent son berceau, auquel elles donnent la forme d'un gland renversé. Le nombre des alvéoles maternels qu'on trouve dans les ruches varie beaucoup. Il est subordonné à la force de la colonie et à la saison. Il varie de 15 à 20 dans les fortes colonies. Il peut être moindre et même supérieur à ces chiffres.

Lorsque les jeunes mères sont sur le point de naître, quelques abeilles vont à la découverte pour chercher une autre demeure où elles puissent s'établir. C'est généralement le creux d'un arbre ou une excavation dans un rocher qui obtient leurs préférences. Une fois que la future demeure a été choisie, quelques abeilles seulement en prennent possession; puis, leur nombre augmente insensiblement de jour en jour. Elles se suspendent les unes aux autres, accrochées au haut de cette nouvelle ruche, en attendant le futur essaim qui doit la garnir. Elles reviennent par temps à leur ancienne habitation; mais celles qui partent sont remplacées, à la place qu'elles quittent, par de nouvelles abeilles. Le nombre de ces gardiennes n'est jamais très considérable (un millier environ).

Pendant qu'un groupe d'abeilles, avant-garde de l'essaim, vient ainsi prendre possession des lieux, voici ce qui se passe dans la ruche. Le vieil essaim qui, dans la circonstance, prend le nom de « SOUCHE », se dédouble. Une partie des abeilles se dispose à émigrer, tandis que l'autre partie, qui doit demeurer à la souche, continue à vaquer aux travaux.

Plusieurs indices indiquent que l'essaim va partir. En premier lieu, les mâles font des sorties bruyantes vers le milieu des journées qui précèdent l'essaimage. D'autre part, pendant une huitaine de jours, une partie des abeilles qui doivent essaimer se suspendent au-dessous du tablier de la ruche. Elles font alors ce qu'on est convenu d'appeler *la barbe*. Il est bon d'observer, toutefois, que ces indices sont loin d'être infaillibles : il est des abeilles qui font *la barbe* et qui n'essaiment pas, tandis que d'autres qui ne la font pas essaiment.

L'essaimage s'annonce souvent par un bruissement plus fort que d'habitude. Les abeilles font entendre ce bruissement particulier le soir.

De tous ces indices, fort incertains du reste, le plus sérieux est le suivant : quatre ou cinq jours avant l'essaimage, les abeilles qui vont émigrer ne travaillent plus. Il en résulte que le nombre des butineuses diminue considérablement à l'entrée de la ruche.

Lorsque ce ralentissement se produit dans le travail, l'essaim, qui reçoit ici le nom d'*essaim naturel,* ne va pas tarder à partir. D'autre part, la mère cesse de pondre quelques jours avant l'essaimage. Les apiculteurs, qui tranchent sans hésiter sur toute chose, prétendent que c'est dans le but de se rendre plus légères et, par suite, plus aptes à voler. Quant à nous, n'ayant pas d'opinion à cet égard, nous nous bornons à constater le fait, sans chercher à l'expliquer. Lorsque le moment est venu, c'est-à-dire ordinairement vers le milieu du jour, quelquefois cependant le matin ou le soir, vers quatre heures, les abeilles sortent tout d'un coup en tourbillonnant et en faisant entendre un fort bruissement. Le tourbillon augmente sans cesse, jusqu'à ce que *la vieille mère de la souche* vienne le joindre. Toutes les abeilles lui servent alors d'escorte, et l'essaim se dirige vers sa nouvelle demeure. Si la distance est trop forte pour la vieille mère, dont le vol est très lourd, cette dernière, qui n'en peut plus, s'accroche à une branche d'arbre, contre un tronc ou un objet quelconque, quelquefois même contre un mur, lorsque, ce qui arrive aussi parfois, elle ne tombe pas par terre. Mais où qu'elle se repose, elle ne tarde pas à y être suivie par tout l'essaim, qui se forme immédiatement en grappe. Le temps de repos est souvent très long. Si la nuit surprend l'essaim, il peut rester là jusqu'au lendemain à une heure avancée du jour. Il en est de même s'il est surpris par la pluie. Dans tous les cas, lorsque la mère est suffisamment reposée, et que l'heure et le temps le permettent, l'essaim reprend son vol et, sauf à faire une autre halte, il arrive enfin à la nouvelle ruche, où il s'occupe, tout d'abord, d'édifier des rayons avec les provisions de miel emportées de la souche. (On n'a pas perdu de vue, en effet,ce que nous avons déjà eu occasion de dire du jabot des abeilles, qui peut contenir des provisions de miel pour trois jours.) En même temps qu'une partie des abeilles s'occupe à sécréter la cire avec le miel emporté et commence à ébaucher les rayons, l'autre partie de la colonie, sans perdre une minute, s'en va à la picorée. Mais revenons à la souche.

L'essaim qui vient de partir, outre le nom d'*essaim naturel,* prend aussi celui d'*essaim primaire,* pour le distinguer des autres dont nous allons également parler.

Après le départ de l'essaim primaire, qui a toujours avec lui la vieille mère, une jeune mère sort de son berceau ; c'est la première née. Si les abeilles qui restent à la souche sont encore très nombreuses, cette nouvelle reine est destinée à partir à son tour avec un nouvel essaim, qui, cette fois, prend le nom d'*essaim secondaire.*

Ce second essaim se forme dans les mêmes conditions que le premier. Il part généralement le huitième ou le neuvième jour après l'autre. Pendant ce temps, les autres jeunes mères sont retenues prisonnières dans leur berceau par les ouvrières. Si, le soir, on colle son oreille contre le guichet de la ruche, on entend parfaitement ces prisonnières : elles font entendre un chant assez semblable à celui du grillon. C'est là un signe infaillible du prochain départ de l'essaim secondaire, — qui émigre avec l'aînée des jeunes mères.

Une seconde mère sort à son tour de son berceau pour prendre, dans la ruche, la place un moment occupée par l'aînée. Quelquefois il sort un troisième et même un quatrième essaim ; dans ce cas, les mêmes phénomènes se reproduisent toujours, avec cette différence cependant, que les essaims secondaires étant accompagnés de jeunes mères, plus légères et plus vigoureuses que les vieilles, les émigrantes peuvent parcourir de très grandes distances sans se reposer.

Si la colonie n'est pas assez puissante pour fournir plusieurs essaims, ou que le mauvais temps retarde trop la sortie des essaims secondaires, les jeunes mères retenues prisonnières dans leur berceau sont mises à mort; cette exécution est faite par la jeune mère qui est sortie la première de son alvéole. Telle est du moins l'opinion admise en apiculture. Il se peut que les choses se passent réellement ainsi; mais rien ne prouve que les ouvrières ne servent pas, elles aussi, d'exécuteurs des hautes-œuvres. Quoi qu'il en soit, il est certain que lorsque la ruche ne doit plus fournir d'essaims, les abeilles-mères qui sont encore au berceau sont mises à mort, de façon qu'il n'en puisse rester qu'une dans la ruche.

En résumé, lorsque plusieurs essaims sont fournis par une même colonie, l'essaim secondaire part généralement le huitième ou le neuvième jour après l'essaim primaire; l'essaim tertiaire sort ordinairement le troisième ou le quatrième jour après le second; enfin, s'il s'en forme un quatrième, c'est d'habitude deux ou trois jours après le troisième qu'il prend la volée. Il va sans dire que le mauvais temps peut retarder et même empêcher absolument la sortie des essaims secondaires.

Enfin, ajoutons encore qu'il n'y a rien d'absolu dans tout ce que nous avons dit au sujet des essaims naturels; car il peut arriver que plusieurs jeunes mères parviennent à sortir à la fois de leurs alvéoles et partent ensemble avec l'essaim. Il peut arriver aussi, mais ceci est plus rare, qu'une jeune mère parte avec l'essaim primaire, en laissant la vieille à la souche. Dans ce cas, cette dernière accompagnera, si elle le peut, l'essaim secondaire; si, quoique valide, elle est impuissante à voler, elle restera définitivement à la souche, laissant accompagner les essaims par les jeunes mères.

Le fait que nous avançons a une très grande importance en apiculture. Il nous a été révélé par un apiculteur américain des plus distingués, M. Parlange, avocat à la Pointe-Coupée, qui nous fit l'honneur, l'année dernière, de venir visiter notre rucher.

M. Parlange a remarqué que les essaims primaires se formaient très difficilement lorsque la vieille mère ne pouvait pas les suivre, et qu'ils étaient toujours peu volumineux lorsqu'ils étaient accompagnés d'une jeune mère. Mettant à profit cette curieuse observation, il coupe, avec des ciseaux, une paire d'ailes de côté à chacune de ses mères. Il en est arrivé ainsi à supprimer à peu près l'essaimage naturel, qui, comme nous le verrons plus tard, est considéré comme un fléau par les apiculteurs mobilistes.

Enfin, nous en aurons terminé avec l'essaimage naturel en ajoutant qu'il arrive parfois que plusieurs essaims naturels, sortis de plusieurs ruches à la fois, se réunissent et s'accrochent ensemble au même endroit. Ces réunions font le désespoir des apiculteurs.

Il arrive encore, lorsque la mère se perd en route, ce qui arrive souvent lorsqu'elle est vieille, que l'essaim rentre dans son ancienne demeure.

Le nombre des abeilles qui compose un essaim naturel est subordonné à l'importance de la souche qui l'a fourni, ainsi qu'à la saison. Les essaims de printemps varient de 20,000 à 40,000 abeilles. Les essaims tardifs d'automne sont généralement fort petits. Ils se composent de 10,000 à 15,000 abeilles au plus.

Nous ne nous sommes occupés de l'élevage des mères qu'au point de vue de l'essaimage naturel du printemps. En dehors de cette époque, les ouvrières peuvent encore être forcées d'élever des reines, par exemple lorsque la vieille mère vient à mourir ou à disparaître. Dans ce cas, les abeilles procèdent à l'élevage absolument comme elles le feraient si elles voulaient essaimer. Tout comme dans le premier cas, elles adoptent des larves d'ouvrières de moins de trois jours; elles leur administrent la bouillie fortifiante (*bouillie royale*), et elles allongent les cellules. Les apiculteurs désignent les mères qui sont élevées après la disparition de la vieille mère sous le nom de *mères artificielles*. Cette désignation est des plus vicieuses, en ce sens qu'il n'y a pas la moindre différence entre l'élevage forcé de ces mères et celui qui s'effectue dans des conditions normales. D'autre part, les mères élevées dans l'un et l'autre cas sont absolument semblables, et possédent exactement les mêmes qualités.

Le motif qui a fait donner le nom d'artificielles aux mères élevées pour remplacer celle qui a disparu provient d'une erreur, prise de ce qu'on suppose que la mère destinée à émigrer avec un essaim naturel dépose elle-même l'œuf destiné à produire son successeur dans un alvéole maternel préalablement ébauché par les ouvrières avant la ponte, tandis que dans le cas d'adoption d'une larve après la disparition de la mère, l'alvéole est formé après coup. Ce qui a contribué à propager cette erreur est la constatation journalière que l'on fait dans les ruches d'alvéoles en formation qui ne contiennent ni œuf ni larve. On en a conclu, avec un semblant de raison, que, dans les cas ordinaires, c'était bien la mère qui, au moment de l'essaimage, venait elle-même pondre dans ces ébauches d'alvéoles maternels. Or, c'est là une grave erreur qui se trouve aussi bien démontrée par nos propres expériences que par celles de Langstroth. L'abeille-mère, qui pond inconsciemment, ne dépose pas d'œuf dans les alvéoles maternels en formation dans le but d'élever des mères; car l'œuf qui doit produire une reine est absolument le même que celui qui doit donner naissance à une simple ouvrière : toute la différence provient de la nourriture et de la grandeur du berceau, qui dépendent exclusivement de la volonté des ouvrières. Quant aux alvéoles maternels en formation, qui semblent attendre que la mère vienne y déposer un œuf, ils ne prouvent qu'une seule chose, c'est que les abeilles se disposent, soit à y transporter un œuf retiré d'une cellule ordinaire, soit qu'après l'y avoir transporté elles ont renoncé à le faire éclore. Encore une fois, le transport d'œufs par des ouvrières qui veulent élever des mères est hors de doute après nos expériences et celles de Lansgtroth. Il n'existe donc pas de différence dans l'élevage des mères venues dans des conditions normales d'avec celles qu'on nomme improprement des mères artificielles.

Mais s'il n'y a aucune différence dans l'élevage, non plus que dans l'organisme de l'insecte, il peut cependant s'en produire de très essentielles dans les résultats. — Si, en effet, l'élevage forcé se produit à une époque où il n'existe plus de mâles, la jeune mère, qui ne peut se faire féconder à temps, devient *bourdonneuse;* en d'autres termes, elle ne produit que des mâles ou *faux-bourdons.* D'autre part, il arrive parfois que les abeilles, dans leur précipitation à remplacer la mère dont la disparition les prend à l'improviste, adoptent une larve trop âgée, qui n'ayant pu recevoir assez longtemps la nourriture fortifiante qu'on s'empresse de lui administrer, ne peut développer qu'imparfaitement ses parties sexuelles. Cette mère, qui est impropre à être fecondée, pond néanmoins des œufs qui produisent des mâles. La mère qui n'a pas reçu assez longtemps la bouillie royale conserve, en outre, des formes exiguës qui ne permettent pas de la distinguer des ouvrières. C'est ce qui a fait supposer aux apiculteurs qu'en l'absence de toute mère, et lorsque les ouvrières se trouvaient dans l'impuissance d'en élever d'autres, faute d'œufs et de jeunes larves, une des ouvrières se transformait *ipso facto* en pondeuse ; aussi un très grand nombre d'apiculteurs demeurent-ils persuadés qu'il existe des ouvrières pondeuses dans les ruches orphelines, quelquefois même simultanément avec une mère féconde. De déductions en déductions, quelques-uns vont même jusqu'à supposer que, pendant que la mère fécondée pond des œufs d'ouvrières, des abeilles ordinaires pondent, à ses côtés, des œufs qui donnent naissance à de faux-bourdons. Cette question, au moment où nous traçons ces lignes, soulève de très vives controverses : les apiculteurs les plus sérieux se demandent s'il existe réellement ou s'il n'existe pas des ouvrières pondeuses. M. A. Ménard, professeur au collége de Saint-André-de-Cubzac (Gironde), n'a pas hésité, dans le *Bulletin de la Société d'Apiculture de la Gironde,* du mois d'avril 1879, à se prononcer pour l'affirmative. Il relève la preuve de son dire dans le fait suivant : — Au mois d'avril 1877, il transvasa un essaim dans une ruche à cadres. « La reine, dit-il, disparut. Les abeilles survivantes furent versées dans une ruche munie de cadres vides légèrement amorcés. Les rayons de la ruche fixe, garnis d'un abondant couvain d'ouvrières, furent sacrifiés. Qu'arriva-t-il ? Le nombre des ouvrières déjà amoindri devint chaque jour minime. Mais, encouragées par une nourriture qui leur fut prodiguée, les ouvrières se mirent à l'œuvre. Un rayon de mâles fut bâti. Dans ces alvéoles des œufs furent déposés; des mâles nombreux en sortirent. »

N'en déplaise à M. Ménard, il n'a jamais vu des abeilles orphelines construire le moindre rayon lorsqu'elles n'ont à leur disposition, ni œufs, ni couvain d'ouvrières, pour élever des abeilles-mères. Cette erreur capitale permet de concevoir de très graves doutes sur l'exactitude de l'observation principale, qui n'a pas le moindre fondement. En voici la preuve péremptoire : — Prenez une forte ruche; enfermez la mère dans un étui en toile métallique; replacez-la, ainsi emprisonnée, entre deux rayons de sa ruche. La présence de la mère captive empêchera les abeilles d'élever une autre mère. D'autre part, si la captivité se prolonge, la mère ne pouvant plus continuer de pondre dans les alvéoles, le couvain et les œufs finiront par disparaître. Enlevez alors la mère de la ruche; en d'autres termes, rendez l'essaim orphelin. Qu'arrivera-t-il? Les abeilles n'ayant plus de couvain à leur disposition ne pourront plus élever des mères. La colonie demeurera orpheline; or, jamais dans de pareilles conditions on ne constatera la naissance de mâles; ce qui aurait évidemment lieu si, par le fait seul de la disparition de la mère, une ouvrière quelconque pouvait se transformer en pondeuse. Qu'on renouvelle l'expérience sur dix, vingt, cent ruches; le résultat sera toujours le même; d'où il faut conclure qu'il n'existe pas d'ouvrières pondeuses, et que les abeilles réputées telles ne sont que des mères incomplètes qui, vu leurs formes exiguës, dues à l'insuffisance de nourriture royale, n'ont pu se faire féconder et ne peuvent être distinguées des abeilles ordinaires. Ajoutons que les ouvrières s'attachent à ces mères imparfaites absolument comme à celles qui sont fécondées. Quoi qu'en dise encore M. Ménard, il est absolument impossible de faire adopter une mère féconde à un essaim qui possède déjà une mère dite *ouvrière pondeuse*. Cette dernière, nous ne saurions trop le répéter, n'est autre chose *qu'une petite mère bourdonneuse*, ne produisant que des mâles, parce qu'elle n'a pu se faire féconder.

IV.

L'abeille mère. — Comme nous l'avons déjà dit dans un autre chapitre, l'abeille mère se développe beaucoup plus vite que les autres mouches de la ruche; car, après l'éclosion de l'œuf d'où elle est sortie, elle ne met que de seize à dix-sept jours pour arriver à l'état d'insecte parfait : l'œuf met trois jours à éclore; la larve qui en sort commence à filer sa coque cinq jours après. Cette opération dure un jour; après quoi la larve se repose pendant deux jours· elle se transforme en nymphe, demeure quatre jours dans cet éta et naît entre le seizième et le dix-septième jour.

Nous ne saurions trop appeler l'attention des personnes qui veulent se livrer à l'apiculture sur les différentes transformations des abeilles mères et sur la durée de ces transformations, qui servent de point de départ à toute étude sérieuse sur l'élevage des mères. Car on peut dire que l'élevage des mères sert de base à l'apiculture rationnelle : c'est la qualité de la mère, en effet, qui fait celle de l'essaim.

Comme nous l'avons encore vu dans un précédent chapitre, la mère doit son état à un simple caprice du sort, car toute abeille a pu devenir abeille mère à son berceau, puisque sa transformation est due au caprice des ouvrières, qui ont choisi une larve quelconque pour la transformer, alors que cette larve, livrée à elle-même, ne fût restée qu'une simple ouvrière, ou abeille atrophiée. Le développement exceptionnel des parties génitales de la mère, en dehors du caractère physiologique, conséquence de ce développement, est donc la seule différence qui existe entre la mère et les ouvrières. Encore une fois, l'une est une abeille féconde, tandis que les autres ne le sont pas. Ce développement exceptionnel des parties génitales de la mère est dû à deux causes qui doivent servir de guide pour l'élevage des mères : 1° à l'abondance de la nourriture spéciale et fortifiante qui lui a été donnée lorsqu'elle était à l'état de larve ; 2° à la grandeur de son berceau, nommé *alvéole royal ou maternel.*

La larve destinée à être transformée en mère est, à la sortie de l'œuf, un peu recourbée sur elle-même. Elle tourne continuellement dans son berceau, dont elle fait le tour en deux heures. Bastian explique ce phénomène en disant que la larve sécrète par la peau une espèce de colle très tenace, que le suc nourricier prodigué au ver détrempe; or, ce dernier, en changeant de place, déblaye le terrain et se prémunit contre la chute. (On n'a pas oublié que le berceau maternel, qui a la forme d'un gland, est renversé.) Ce berceau est toujours largement pourvu de bouillie fortifiante. On ne connaît pas exactement la composition de cette bouillie, qui n'est jamais administrée qu'aux mères ; mais certains apiculteurs supposent que les abeilles font entrer des œufs dans sa composition. Quoi qu'il en soit, cette bouillie fortifiante explique pourquoi la mère met beaucoup moins de temps que les autres abeilles à se développer, malgré que ce développement atteigne de plus fortes proportions que chez les ouvrières, qui, par compensation, sont dotées d'organes mellifères, pollénifères et ciriés, qui font défaut chez la mère.

Comme nous l'avons déjà dit, la mère ne travaille pas; son unique fonction consiste à peupler la ruche. C'est ce qui explique pourquoi la durée de la vie est plus longue chez la mère que chez les ouvrières. L'existence de ces dernières dure deux mois au plus pendant la saison du travail, et elles vivent six mois environ l'hiver, saison de repos. La mère, au contrarie, vit de quatre à cinq ans ; mais comme sa fécondité, fort grande pendant les deux premières années de son existence, décroît à partir de la troisième, les apiculteurs ont le soin de tuer les mères trop âgées. Le maximum de la ponte, au printemps, est d'environ 3,000 œufs par jour.

La mère sort de son alvéole en rongeant elle-même la pointe de son berceau, qui se détache comme une soupape. Sitôt qu'elle est sortie, son premier soin est de se précipiter sur les autres alvéoles maternels pour tuer ses jeunes sœurs. Si elle n'en est pas empêchée par les ouvrières, elle déchire les alvéoles avec ses mandibules et perce les jeunes mères avec son aiguillon.

La mère sort une première fois de sa ruche de deux à quatre jours après sa naissance si le temps est beau, pour faire ce qu'on est convenu d'appeler sa *promenade nuptiale*. Elle répète cette promenade jusqu'à ce qu'elle ait rencontré un mâle. Elle s'accouple dans les airs et le premier mâle qu'elle rencontre la féconde.

Nous avons expliqué au chapitre III, dans lequel nous avons parlé des parties internes du corps des abeilles, la manière dont se fait l'accouplement. Nous avons dit, à cette occasion, qu'un seul acte de copulation suffit. La mère rentre alors dans la ruche et se trouve fécondée pour toute sa vie. Elle ne sort plus que pour essaimer.

Ici se place une des questions les plus intéressantes de l'histoire naturelle des abeilles, nous voulons parler de la parthénogénèse de l'abeille mère et de la théorie de Dzierzon. La parthénogénèse de l'abeille mère n'est contestée par personne. Il est hors de doute, en effet, que la mère pond sans être fécondée. Il est tout aussi incontestable que tous les œufs pondus par une mère non fécondée ne produisent que des mâles. Enfin, il est encore avéré que la liqueur séminale fournie par le mâle est reçue dans la *spermathèque* de la femelle, qui, en la contractant, féconde elle-même l'œuf à son passage dans l'oviducte.

C'est d'après ces faits, parfaitement acquis, que Dzierzon a bâti sa fameuse théorie. D'après lui, tout œuf fécondé de l'abeille mère est un œuf de femelle; tout œuf non fécondé, un œuf de mâle ou faux-bourdon. Par suite, la mère pourrait, à volonté, pondre un œuf de mâle ou un œuf de femelle.

La théorie de Dzierzon est considérée par la généralité des apiculteurs comme un axiome. Elle a été, du reste, confirmée par les expériences anatomiques de Berlepsch, Leuckart et von Siebold.

Personne donc ne contestait plus l'exactitude de cette théorie, fort controversée au début, lorsque, tout à coup, l'année dernière, M. J. Pérez, apiculteur distingué et professeur de zoologie à la Faculté des sciences de Bordeaux, est venu la révoquer en doute. Ces critiques ont soulevé de véritables tempêtes : la Société entomologique de France, dans sa séance du 23 octobre 1878 et dans celle du 13 novembre de la même année, ainsi que l'Académie des sciences, dans sa séance du 28 octobre 1878 se sont occupées de la question et ont jeté les hauts cris contre les nouvelles doctrines, si peu orthodoxes de M. J. Pérez. Les apiculteurs se sont mêlés de la partie, de telle sorte qu'aujourd'hui la question, de claire qu'elle était, est devenue des plus obscures. Comme nous n'avons pas la prétention d'apporter la lumière là où les savants voient trouble, nous nous bornerons à exposer les faits.

Donc, si la théorie de Dzierzon était vraie, il en résulterait que les mâles n'auraient jamais de père et que, par suite, lors même que la mère se serait accouplée avec un mâle d'une autre race, les fils seraient toujours de la race de la mère, tandis que les filles pourraient participer de celle du père. En d'autres termes, les ouvrières pourraient présenter des caractères de métissage, tandis que les faux-bourdons seraient toujours de race pure, du moins si la mère n'était pas de sang mêlé. Or, M. J. Perez a constaté, et après lui bien d'autres apiculteurs, qu'une mère de race jaune, accouplée avec un mâle noir, a produit des mâles jaunes en même temps que des mâles présentant à différents degrés tous les caractères du métissage ; d'où il a conclu que l'influence de l'élément séminal était manifeste chez ces individus.

Faut-il conclure des observations de M. Pérez que la théorie de Dzierzon est fausse? Nous ne le pensons pas. Voici ce que nous répondions, à cet égard, aux observations de M. Pérez, dans le *Journal d'agriculture de la Gironde*, du 25 juillet 1878 :

Voici, disions-nous, comment on pourrait peut-être expliquer le phénomène constaté par M. Pérez et le mettre d'accord avec la théorie de Dzierzon.

La parthénogénèse de l'abeille mère n'a jamais été contestée par aucun entomologiste, et par M. Pérez moins que par tout autre. Tous reconnaissent aussi que la mère non fécondée ne produit que des mâles. Il suit de là que la fécondation de l'œuf n'est pas indispensable, si tant est qu'elle se produise quelquefois, pour la production des mâles. Le propre du baptême séminal serait donc d'altérer le germe embryonnaire, qui, livré à lui-même, produirait un mâle, pour le modifier dans un autre sens et transformer son sexe, du moins d'après l'opinon du Dr Dzierzon.

D'autre part, Huber a observé que l'abeille mère, dont la fécondation a été retardée de seize jours à partir de sa naissance, pond autant de mâles que de femelles ; après vingt et un jours, elle ne pond plus que des mâles.

Ne faut-il pas rechercher dans ces faits l'explication des nombreux cas d'hermaphroditisme que présentent les abeilles ? Une fécondation insuffisante de l'œuf peut n'avoir qu'incomplètement modifié le sexe. S'il en était ainsi, ne trouverait-on pas là l'explication du phénomène constaté par M. Pérez ? La quantité de liqueur séminale injectée, insuffisante pour transformer le sexe, n'a-t-elle pu, cependant, altérer la race du mâle en lui inoculant exceptionnellement celle de celui qui a fécondé la mère ?

Depuis que nous avons émis cette idée, de nouvelles réflexions sont encore venues confirmer notre croyance.

Von Siebold, dans une étude qu'il a faite d'abeilles hermaphrodites, n'a pas hésité à expliquer leur état sexuel par une fécondation incomplète de l'œuf ; et l'éminent zoologiste trouve qu'aucune difficulté ne résulte ainsi, pour la theorie de Dzierzon, des anomalies qu'il a observées. Or, si von Siebold trouve que la transformation incomplète du sexe ne suffit pas pour infirmer la théorie de Dzierzon, comment la même transformation incomplète, lorsqu'il s'agit simplement de la race, l'infirmerait-elle davantage ?

Il est reconnu et admis que la fécondation provoque une double transformation, *le sexe et la race*. S'il en est réellement ainsi, qui peut dire quelle est celle de ces deux transformations qui s'opère la première ? Sont-elles simultanées ? le premier changement se produit-il sur la race ou sur le sexe ? Autant de questions auxquelles il serait bien malaisé de répondre par une affirmation basée sur des données précises, certaines.

Pour nous, nous supposons que, dans l'espèce, la transformation de la race se produit avant celle du sexe, surtout dans les fécondations incomplètes. Voici, du reste, sur quoi nous basons notre croyance.

A quel moment, en effet, la mère fait-elle sa ponte de mâles? Toujours après une grande ponte d'ouvrières, aux mois d'avril, de mai et de juin.

On a dit qu'elle pondait des mâles à cette époque, parce qu'elle sentait approcher le moment de l'essaimage, et que la nature, dans sa prévoyance, avait cru devoir régler ainsi les choses. Soit; mais une question fort controversée est celle de savoir si l'instinct de la mère y est ou non pour quelque chose. Quant à nous, après avoir un instant partagé cette opinion avec M. Droy et tant d'autres, nous avouons que des doutes graves ont surgi dans notre esprit; aussi, aujourd'hui, sommes-nous plus porté à croire que la mère pond aussi bien les mâles que les femelles sans que sa volonté soit pour quelque chose dans le choix du sexe qu'elle veut produire. Tout ce que nous admettons sur ce point, c'est qu'elle a conscience du sexe de l'œuf, puisqu'elle dépose ceux de mâles dans de grandes cellules et ceux de femelles dans de petites. Mais il est hors de doute aussi que si les cellules de mâles font défaut, la mère n'hésite pas à déposer les œufs de mâles dans des cellules d'ouvrières, de même qu'elle pond parfaitement les œufs d'ouvrières dans les cellules de mâles lorsqu'elle n'en a que de celles-là à sa disposition. La grandeur de la cellule, comme on l'a cru à une époque, et jusqu'à ce que M. Droy soit venu démontrer le contraire, n'exerce donc aucune action non plus sur la spermatèque pour l'obliger à féconder l'œuf à son passage dans l'oviducte.

Pourquoi ne pas admettre plutôt qu'une grande ponte peut provoquer l'amortissement du muscle qui sert à l'expulsion des spermatozoïdes au dehors de la spermatèque? M. Michel Girdwoyn, dans son Anatomie et sa Physiologie de l'abeille, admet très bien que les muscles du conduit séminal peuvent éprouver un certain affaiblissement.

Or, qui, mieux qu'une grande ponte, est susceptible de provoquer cet amortissement? et si cet amortissement se produit, n'est il pas logique d'admettre que l'insensibilité, loin d'arriver brusquement, se développe au contraire lentement, peu à peu? Il y aurait donc entre l'insensibilité complète et le commencement de cet état une période transitoire pendant laquelle il est vraisemblable que doivent se produire les phénomènes de fécondation incomplète donnant naissance, soit à des mâles dont la race originaire se trouve altérée, soit à des hermaphrodites.

Les idées que nous émettons, à titre bien entendu de simple hypothèse, ne trouvent-elles pas, jusqu'à un certain point, leur justification dans l'observation des faits suivants?

1° Une jeune mère produit très peu et le plus souvent pas du tout de mâles la première année de son existence; ce qui pourrait fort bien provenir de ce que les organes de la jeune mère se trouvant dans toute leur force, les muscles du conduit séminal peuvent plus longtemps fonctionner, sans prendre de repos, que chez les mères plus âgées.

2° La ponte des mâles, comme nous l'avons déjà dit, se produit toujours après une grande ponte d'ouvrières.

3° Enfin, tous les possesseurs d'abeilles italiennes ont pu observer que les mères qui ont forligné ne donnent les mâles les plus jaunes en couleur que lorsque la ponte des mâles est déjà avancée. Ce qui semble prouver que les premiers proviennent d'une fécondation incomplète et qu'ils ont été pondus pendant la période transitoire qui doit se produire entre l'insensibilité complète des muscles du conduit séminal et le commencement de cette insensibilité.

Il se dégage de l'ensemble des faits qui précèdent, on en conviendra, sinon une preuve absolument certaine, du moins de très fortes présomptions en faveur de notre hypothèse, que nous résumons ainsi : — le mâle métis, qui ne serait qu'une anomalie, doit provenir, au même titre que les hermaphrodites, d'une fécondation incomplète, qui a été impuissante à transformer complètement la race et le sexe.

Quoi qu'il en soit, la présences de mâles métis dans un rucher d'abeilles d'origine italienne rend fort difficile la conservation, la pureté de la race, qui doit être l'objectif poursuivi par tout bon apiculteur; car de la qualité des mères dépend surtout le succès en apiculture. C'est ce qui justifie les longs développements que nous avons cru utile de donner sur la théorie de Dzierzon et les controverses auquelles elle a donné lieu ; car ces développements feront mieux comprendre l'importance que nous attachons à la question de la sélection apicole, à laquelle nous consacrerons un chapitre spécial.

Mais, revenant à notre sujet, nous dirons que la nature a pris des précautions infinies pour que la jeune mère, dont l'existence est si précieuse à la ruche, ne fût pas exposée à trop multiplier ses promenades à la recherche d'un mâle, ce qui l'exposerait à mille dangers, et par suite la ruche entière, dont l'avenir serait gravement compromis par sa mort; aussi les mâles sont-ils beaucoup plus nombreux qu'il ne serait nécessaire, si leur multiplicité n'avait précisément pour but d'abréger les recherches de la jeune mère. Il est encore à remarquer que l'heure où sort la mère coïncide avec celle où les mâles sortent en très grand nombre de la ruche, c'est-à-dire vers le milieu d'une belle et chaude journée; aussi, grâce à cette coïncidence entre les habitudes des mâles et celles des jeunes mères, est-il assez rare que l'une d'elles périsse dans sa promenade nuptiale.

Au retour de sa promenade, l'abeille mère prend deux jours de repos; elle commence ensuite sa ponte, occupation dont rien ne peut la distraire. A l'exception de toutes les autres mouches de la colonie, elle ne sort même pas de la ruche pour se vider.

Si la jeune mère n'a pu sortir de la ruche pendant plusieurs jours pour se faire féconder, elle ne peut plus le faire après un certain temps. Dans ce cas, comme nous l'avons dit, elle ne pond que des œufs de mâles, et cette mère est dite *bourdonneuse*.

La mère est l'objet des soins les plus assidus et des attentions les plus délicates de la part des ouvrières, qui la couvrent de leur corps pour la garantir du froid, la lèchent et lui donnent à manger avec leur trompe ou langue. Lorsque la mère meurt, les autres abeilles manifestent le plus grand désespoir de se trouver orphelines; on les voit, pendant trois ou quatre jours, courir dans la ruche comme des folles, en faisant entendre un gémissement plaintif qu'un apiculteur exercé reconnaît facilement.

L'abeille mère n'accepte pas de rivales dans la colonie; lorsqu'il en existe, elle les tue, à moins que les abeilles ne l'en empêchent. Dans ce cas, elle quitte elle-même la ruche avec une partie de la population; en d'autres termes, la ruche essaime.

Avant de sortir de son alvéole, la jeune mère, première née, fait entendre une sorte de chant, qui, comme nous avons eu occasion de le dire, est assez semblable à celui des grillons; il peut se traduire ainsi : *tut tut.* Elle chante de la sorte pour savoir si elle a des rivales; s'il en existe dans les autres alvéoles, ces dernières répondent sur un autre ton, *quac, quac* au *tut, tut* de leur aînée, qui, ainsi prévenue, sort pour aller les mettre à mort, à moins, comme nous l'avons déjà dit, qu'elle n'en soit empêchée.

La différence des intonations qui existe entre le chant de la jeune mère qui va sortir de son alvéole et celui de ses sœurs cadettes n'est qu'apparente : le cri est exactement le même ; si l'un paraît plus sourd que l'autre, cela provient de ce qu'il se produit dans l'intérieur d'un alvéole absolument fermé, tandis que dans l'autre cas, l'alvéole est déjà ouvert par la pointe.

MALADIES DES ABEILLES

I.

Énumération des maladies. — Nous ne comprendrons pas au nombre des maladies des abeilles les affections peu graves qui, dues à des causes purement accidentelles et toutes locales, n'atteignent dans une colonie que quelques sujets isolés; telles sont, notamment, les affections connues sous le nom d'*embarras des antennes* et de *dénudation du corselet*, qu'on doit attribuer au voisinage de certaines plantes *(orchidées et chardons)*.

Nous ne considérerons pas non plus comme positivement malade une colonie qui a des poux, car la présence de ces parasites sur le corselet des abeilles semble fort peu les gêner. Elles finissent toujours, du reste, par s'en débarrasser, du moins si la colonie est forte et vigoureuse. Pour nous, les abeilles ne sont réellement sujettes qu'à cinq maladies plus ou moins sérieuses : le vertige, la constipation, la dyssenterie, la mortalité du couvain, la loque.

Ces différentes maladies sont généralement dues aux brusques variations de la température, à l'humidité, au suc vénéneux de certaines fleurs, au mauvais logement des abeilles, à l'absence dans la nourriture de certains condiments indispensables à l'alimentation du couvain, et, enfin, à l'altération du miel qui, sous l'influence de certains ferments, peut se transformer en un poison des plus violents pour les abeilles au berceau.

Le vertige, la constipation et la dyssenterie sont des maladies assez anodines sur lesquelles nous nous arrêterons peu.

La mortalité du couvain est, en elle-même, une maladie peu sérieuse lorsqu'elle est prise à temps; mais si elle est négligée et qu'elle persiste, elle peut occasionner de très grands désordres.

II.

LE VERTIGE.

1° Ses causes. — Les abeilles peuvent impunément butiner sur les fleurs de certaines plantes dont le miel serait pourtant, sinon mortel, du moins fort dangereux pour l'homme qui en ferait usage. Nous citerons en particulier le miel du *Rhododendron pontizolea pontica,* de la Mingrélie; celui des *Aconitum Napellus* et *Lycoctonum,* de la Suisse; celui des *Kalmia angustifolia, latifolia* et *hirsuta,* de la Caroline, de la Géorgie et des deux Florides, ainsi que celui de *l'Andromeda Mariana,* etc., etc.

Mais il est d'autres fleurs, par exemple celle du laurier-rose, sur lesquelles les abeilles ne peuvent butiner sans danger. Le suc de ces fleurs tue presque instantanément les butineuses.

D'autres fleurs, sans produire un effet aussi immédiat, sont tout aussi mortelles pour les abeilles. La fleur la plus remarquable sous ce rapport, est celle du chanvre commun (*cannabis sativa*) dont les feuilles sont douées, mais très faiblement, des propriétés inébriantes de celles du chanvre indien (*cannabis indica*), qui sert à faire le hachisch. On sait, en effet, que le simple séjour au milieu d'un champ de chanvre, surtout à l'époque de la floraison, porte sur l'ancéphale. Rien de surprenant donc à ce que les abeilles qui butinent sur ces fleurs, soient particulièrement affectées par le suc qu'elles en retirent. Ce suc provoque le vertige.

2° Caractères. — L'abeille atteinte de vertige tombe immédiatement par terre. Malgré tous les efforts qu'elle peut faire pour se relever, elle devient impuissante à reprendre son vol : elle court en tous sens, tourne sans cesse sur elle-même et finit par mourir sur place sans pouvoir regagner sa demeure, lors même qu'elle ne serait tombée qu'à quelques pas de la ruche.

3° Conséquences. — La maladie et ses conséquences se produisant en dehors de la colonie, il n'est pas possible d'y porter remède. Les essaims ne sont jamais, du reste, sérieusement décimés par le vertige, qui ne se produit même pas toutes les années dans le même rucher, probablement parce que les fleurs qui le produisent ne sont pas l'objet d'une culture annuelle sur les mêmes points.

III.

LA CONSTIPATION.

1° Causes et caractères. — Il est rare que la constipation atteigne les fortes colonies, surtout lorsqu'elles sont bien logées. La constipation ne sévit guère que sur les essaims faibles et sur ceux dont les ruches sont mal calfeutrées pendant l'hiver.

Cette maladie, qui se produit au commencement du printemps et à la fin de l'automne, est due à un brusque abaissement de température. Les abeilles, pour se réchauffer, se gorgent de miel qui, sous l'influence du froid, se coagule dans l'abdomen ; d'où l'impossibilité, pour les mouches à miel, d'évacuer leurs excréments.

2° Traitement. — Le remède est simple et facile. Il est connu de tous les apiculteurs. Il consiste à donner du sirop tiède aux abeilles. Faute de prendre cette précaution, les abeilles cherchent à sortir de la ruche pour se vider; mais elles tombent aussitôt près du guichet et ne tardent pas à mourir. Le plus grand nombre, incapable de tenter ce suprême effort, meurt dans l'intérieur de la ruche, d'où les cadavres, lorsqu'ils ne sont pas trop nombreux, sont portés au dehors par les abeilles valides.

On a dit que la constipation pouvait devenir contagieuse ; aussi certains apiculteurs, qui croient à cette prétendue contagion, éloignent-ils du rucher les colonies en traitement. Nous pensons que ces apiculteurs, par trop crédules, se donnent là une peine inutile, car la constipation n'est pas une maladie contagieuse.

IV.

LA DYSSENTERIE.

1° Causes et caractères. — La dyssenterie se produit généralement dans les ruches humides, qui contiennent des rayons de miel moisis. Dans ces conditions, si le froid empêche les abeilles de sortir pendant un mois ou deux, la dyssenterie peut se déclarer. Dans ce cas, les abeilles ne pouvant sortir pour se vider, finissent par lâcher leurs excréments dans la ruche même, et jusque sur les rayons.

La dyssenterie n'est pas, du moins par elle-même, une affection bien sérieuse. Connaissant l'origine du mal, il est facile d'en prévenir les effets et même de les faire cesser lorsqu'ils se produisent.

2° Traitement préventif. — Le traitement préventif consiste, lorsque le froid a retenu les abeilles prisonnières pendant une quinzaine de jours, à profiter d'une élévation accidentelle de la température pour les faire sortir. A cet effet, lorsque le soleil a suffisamment réchauffé l'atmosphère, on tapote sur les parois extérieures de la ruche. Les abeilles, troublées par les secousses qui se produisent à l'intérieur, accourent sur le guichet pour voir ce qui se passe et, encouragées par le soleil, elles ne tardent pas à faire ce qu'on est convenu d'appeler le *soleil d'artifice*, sorte de gymnastique aérienne, qui aide puissamment les abeilles à se vider.

3° Médication. — Si, malgré ce traitement préventif, la dyssenterie vient à se déclarer d'une façon énergique, ce qui est fort douteux, il est prudent de changer les abeilles de logement et surtout d'enlever les rayons moisis. On désopercule ces derniers à l'aide d'un couteau-truelle, et on les passe à l'extracteur, dont nous donnerons ultérieurement la description, et qui permet d'enlever le miel des rayons sans les briser. Cette opération terminée, on soufre ces rayons et on fait bouillir le miel en l'additionnant d'un peu d'eau.

Le soufrage pour les rayons et l'ébullition pour le miel ont pour but de détruire les *bactéries* de la moisissure. On restitue ensuite aux abeilles le miel lorsqu'il est refroidi, et les rayons lorsque l'odeur du soufre est entièrement passée, c'est-à-dire deux ou trois jours après le soufrage.

A la suite de ces opérations, la dyssenterie ne tarde pas à disparaître. Elle pourrait même cesser toute seule, sous l'influence des premiers beaux jours, mais les précautions hygiéniques que nous venons d'indiquer sont toujours dictées par la prudence.

V.

MORTALITÉ DU COUVAIN.

1° CAUSES ET CARACTÈRES DE LA MALADIE. — La colonie atteinte conserve tous les caractères extérieurs d'une ruche en bon état; mais une partie des larves n'arrive pas à terme : — elles meurent avant l'opération.

La mortalité des larves se produit généralement pendant les premiers jours du printemps et pendant les derniers jours de l'automne. Elle est due à trois causes:

1° A un refroidissement provoqué par un brusque abaissement de la température; ce qui oblige les abeilles à abandonner le couvain pour se grouper au haut de la ruche; 2° à la mauvaise qualité de la nourriture donnée aux larves pour lesquelles le miel fermenté, ainsi que le pollen qui est en cet état, constituent un véritable poison; 3° au manque de condiments dans la nourriture (*sel ou pollen*).

Si la mortalité n'atteint pas de fortes proportions, les abeilles charrient les cadavres au dehors, et, le plus souvent, une nourriture plus saine, récoltée sur les fleurs nouvelles, fait cesser le mal sans que l'apiculteur ait à s'en préoccuper. Aussi les fortes colonies qui, tout en pouvant consacrer de nombreuses butineuses à la cueillette du miel et du pollen, conservent assez de puissance pour réchauffer le couvain, ne sont-elles presque jamais exposées à cette maladie; elle ne devient jamais sérieuse lorsqu'elle est prise à temps.

2° TRAITEMENT. — Les observations qui précèdent, indiquent suffisamment le traitement qu'on doit faire suivre aux colonies malades. Il consiste à enlever, tout d'abord, les rayons moisis, qu'on passe au soufre après les avoir vidés à l'aide de l'extracteur auquel nous avons déjà fait allusion; on fortifie les colonies faibles à l'aide de procédés que nous indiquerons plus tard, et qui permettent de réunir deux colonies en une; on calfeutre bien les ruches; on donne une nourriture substantielle, soit en bon miel ou sirop, soit en pollen frais, si ce dernier fait défaut. Il est également prudent d'établir un abreuvoir d'eau salée près des ruches; car les abeilles ont besoin d'ajouter du sel à la nourriture du couvain. Le fait a été avancé, avec raison croyons-nous, par M. Ch. Dadant. Cet apiculteur distingué a observé que les abeilles, à l'époque de la ponte, suçaient avidement le purin des étables. Il en a conclu que les abeilles cherchaient, dans l'urine des animaux, le sel nécessaire à la préparation de la nourriture du couvain. Ce qui l'a confirmé dans l'exactitude de son observation, c'est que, dans certains cas, l'installation d'un abreuvoir d'eau salée près des ruches a fait cesser la mortalité du couvain.

3° Abreuvoir apicole. — Un pieu, un pot à fleurs, une bouteille, trente centimètres environ de fil de fer et quelques cailloux font tous les frais d'un pareil abreuvoir.

On bouche le trou qui se trouve pratiqué sur le fond du vase à fleurs; puis on enfonce ce dernier dans la terre, en le laissant déborder de trois à quatre centimètres seulement au-dessus du sol, et on le remplit de petits cailloux et d'eau salée.

Le pieu doit avoir cinquante centimètres de long. On l'enfonce également dans la terre à côté du vase, en le laissant déborder de vingt-cinq centimètres environ. A son extrémité, on attache, avec deux pointes recourbées, un anneau fait avec le fil de fer. On donne à cet anneau un diamètre suffisant pour que la bouteille puisse y passer librement. Cet anneau doit exactement se trouver au-dessus du vase; cela fait, l'abreuvoir est terminé. Il ne reste plus qu'à remplir la bouteille d'eau salée et à la boucher légèrement avec un bouchon. On la renverse ensuite, le goulot en bas, et on la fait passer dans l'anneau jusqu'à ce qu'elle vienne reposer sur les cailloux du vase qui sont immergés dans l'eau. Si maintenant on enlève promptement le bouchon et qu'on fasse de nouveau toucher le goulot sur les cailloux, la pression atmosphérique qui s'exerce sur le liquide du vase en communication avec celui que renferme la bouteille, empêche ce dernier de se répandre; il ne descend dans le vase que pour maintenir le niveau de l'eau qu'il contient, au fur et à mesure que cette dernière s'évapore ou est pompée par les abeilles qu'on habitue facilement à aller à l'abreuvoir en les amorçant, les premiers jours, avec un peu de miel.

VI.

LA LOQUE.

1° CONSIDÉRATIONS GÉNÉRALES. — L'étymologie du mot *loque* a été donnée par M. Littré; anc. haut allem. LOC (*chose pendante*). Elle désigne plus particulièrement la maladie lorsqu'elle est arrivée à son état le plus aigu, période pendant laquelle les larves en putréfaction filent comme de la glu lorsqu'on veut les enlever de leur alvéole.

Les apiculteurs reconnaissent deux sortes de loques : 1° *la loque bénigne*, ou dessèchement du couvain; 2° *la loque maligne*, ou pourriture du couvain.

Pour nous nous ne reconnaissons qu'une seule et unique *loque*, qui affecte deux périodes bien distinctes : *la loque bénigne* et *la loque maligne des apiculteurs*.

Nous diviserons donc la maladie de la loque en deux périodes, que nous désignerons ainsi : premier degré, ou dessèchement du couvain; deuxième degré, ou pourriture du couvain.

La loque ne devient épidémique que lorsqu'elle a atteint le deuxième degré. Elle n'est jamais contagieuse. La loque au premier degré peut disparaître toute seule sans atteindre le deuxième degré. Les phénomènes qui se produisent au deuxième degré sont généralement précédés des caractères qui se rencontrent dans la première période. Toutefois la loque, dans certains cas, peut franchir le premier degré pour arriver, sans coup férir, au deuxième. La maladie est alors dite épidémique. Elle devient épidémique dans un rucher, lorsque le miel d'une ruche atteinte de la loque au deuxième degré est pillé par les abeilles des ruches saines. Mais, comme nous le verrons bientôt, l'air et le vent sont impuissants, à eux seuls, pour transmettre d'une ruche à l'autre les germes de la maladie.

2° CAUSES DE LA MALADIE. — Il n'est pas difficile de découvrir les causes de la maladie. Elles sont dues, selon nous, à un véritable empoisonnement cadavérique occasionné par la décomposition des cadavres des larves. Berleps, il est vrai, attribue la loque à certains miels retirés de certaines fleurs par les abeilles. Il cite principalement le miel récolté sur *le vaccinier myrtille*. (*Vaccinium myrtillus*, Lin.)

Quant à nous, nous ne le pensons pas; car, s'il en était ainsi, nous devrions admettre, avec la généralité des apiculteurs, que la loque, qu'on désigne sous le nom de *loque bénigne,* se déclarerait spontanément avec ses caractères propres. Or nous soutenons, nous, qu'il n'en est rien et qu'on n'a jamais vu *la loque bénigne* se déclarer avant la mortalité pure et simple des larves; d'où il faut conclure que la loque dérive de la maladie connue sous le nom de *mortalité du couvain.* C'est donc cette dernière qui, seule, engendre la loque.

Voici un fait remarquable sur lequel nous appelons toute l'attention des apiculteurs. Si l'on observe attentivement la marche de la maladie lorsqu'elle n'est encore qu'à son début, on constatera dans les alvéoles ouverts la présence de larves mortes encore blanches, alors que d'autres sont brunes et desséchées. Enfin, lorsque la maladie entrera dans la deuxième période, on trouvera à la fois des larves en putréfaction dans les cellules operculées et des larves brunes et desséchées dans les alvéoles ouverts; mais on ne rencontrera presque plus de cadavres ayant conservé la couleur blanche des larves : d'où il faut conclure que la première période, désignée sous le nom de *loque bénigne* ou *dessèchement du couvain,* sert réellement de transition entre la maladie connue sous le nom de *mortalité du couvain* et le deuxième degré de la loque.

Nous aurions donc pu, à la rigueur, soutenir que la loque comprenait trois périodes distinctes au lieu de deux : *mortalité, dessèchement, putréfaction.* Mais nous avons voulu, autant que possible, sans toutefois heurter ce que nous croyons être le vrai, nous rapprocher des classifications déjà adoptées pour les maladies des abeilles. Il nous restera malheureusement trop d'occasions de heurter les idées fausses qui ont cours sur ce sujet, pour ne pas nous abstenir de le faire lorsqu'il n'y a pas une absolue nécessité.

Si la mortalité du couvain acquiert une certaine importance, les abeilles livrées à leurs propres forces deviennent impuissantes à charrier au dehors toutes les larves mortes avant que quelques-unes d'entre elles n'entrent en décomposition.

Une opinion très répandue est que les abeilles sucent les larves en putréfaction, ce qui provoquerait une maladie des organes nourriciers; or, lorsque ces organes sont mis en contact avec le miel qui doit servir de nourriture au couvain, ce contact altèrerait si gravement le miel, que le couvain auquel elles l'administrent ne tarde pas à mourir.

Contrairement à l'opinion reçue, nous soutenons que jamais les abeilles ne touchent à une larve morte pour la sucer, à plus forte raison respectent-elles les cadavres de celles qui commencent à se décomposer. Il est facile de s'en convaincre en observant ce qui suit : lorsque la maladie entre dans la deuxième période, marquez la place occupée par quelques larves en décomposition et vous vous assurerez facilement, lorsque vous ferez une seconde visite à la ruche, que tous ces cadavres sont demeurés intacts au même lieu. Lorsque vous ouvrirez la ruche après avoir mis les abeilles en bruissement, ces dernières, effrayées, plongeront la tête dans les cellules à miel pour se gorger; mais vous n'en surprendrez jamais une seule qui s'avise de fourrer sa tête dans une cellule occupée par une larve en décomposition.

On trouve souvent sur le guichet des ruches, même les plus valides, surtout à l'époque où elles se débarrassent des faux-bourdons (*les mâles*), des cadavres de larves mâles qui y ont été portés par les abeilles. Est-ce que ces cadavres n'auraient pas tous été vidés si les abeilles avaient l'habitude de sucer les larves mortes? Faut-il donc admettre que c'est la putréfaction des corps qui les allèche? Loin de là, les abeilles ont une profonde horreur pour tout ce qui sent mauvais.

Toutefois, les abeilles, qui répugnent à enlever ces corps putréfiés, essayent parfois, pour s'en débarrasser, de les faire tomber sur le parquet de la ruche. A cet effet, elles rongent les parois horizontales des cellules en respectant la cloison médiane du rayon. Elles édifient de nouveau la cellule si elles sont parvenues à faire tomber la larve. Or, nous le demandons à tout observateur sérieux, est-ce que ces abeilles se donneraient tout ce mal si elles pouvaient se débarrasser des corps morts en les suçant? Poser la question, c'est la résoudre.

Dans la loque au premier degré, les cadavres des larves laissés dans les cellules par les abeilles finissent par se putréfier et par se dessécher en se transformant en une sorte de croûte de couleur brun foncé. Ces cadavres, parfaitement inodores, se détachent facilement de leurs cellules.

Des cryptogames microscopiques (*micrococcus et cryptococcus*) se développent sur les corps des larves putréfiées. Le docteur Prems a découvert ces cryptogames sur le corps des larves d'une ruche loqueuse.

Nous ignorons si les expériences du docteur Prems ont porté sur les cadavres d'une colonie atteinte de la loque au premier ou au deuxième degré. Quoi qu'il en soit, il résulte d'expériences récentes, qui ont été faites par un chimiste de nos amis, que les cryptogames dont parle le docteur Prems se rencontrent aussi bien sur quelques larves mortes pendant la première période que sur celles qui ont succombé pendant la seconde, non pas d'une façon aussi générale, il est vrai, mais sur les corps dont la décomposition est la plus avancée. On constate parfaitement sur ces derniers la présence des mêmes *bactéries* tremblotantes, formant des chapelets, qu'on rencontre en plus grand nombre sur les cadavres des larves mortes pendant la deuxième période de la maladie. D'où une nouvelle preuve que la *loque bénigne,* provoquée au début par la mortalité du couvain, et la *loque maligne,* constituent deux des phases d'une seule et même maladie.

Ces cryptogames finissent à la longue par se développer outre mesure, et par provoquer la fermentation du miel de la ruche et même de la cire, qui, d'après M. Ad. Wurtz, est un mélange d'un acide gras, $C^{27} H^{54} O^{2}$, qu'on désigne sous le nom d'acide *cérotique* (cérine) et d'un éther composé, *le palmitate de myrcile* (myrcine).

Or, cires et miels, une fois entrés en fermentation, engendrent une série d'alcools des plus complexes. Il est donc permis de supposer que certains de ces alcools, ou certains produits de la fermentation, mélangés aux miels non encore transformés, doivent constituer un véritable poison pour le couvain. Ce poison, dont la violence va sans cesse croissant, au fur et à mesure que la fermentation se développe, augmente aussi, par contre, la mortalité du couvain.

3° Différence caractéristique entre le premier et le deuxième degré. — La différence essentielle qui caractérise la première période de la maladie de la deuxième consiste en ce que les larves meurent avant l'operculation. Lorsque les cadavres en putréfaction se rencontrent, au contraire, dans des cellules operculées, la maladie est entrée dans la deuxième période. Les cadavres deviennent alors gluants et putrides sous l'influence d'une fermentation visqueuse, qui ne se produit que dans les cellules operculées. Si la cellule est ouverte au moment de la mort, le cadavre se dessèche.

Si l'on admet, chose incontestable du reste, que la loque n'est autre chose qu'un empoisonnement, on doit conclure que, pendant la première période, le poison administré par les abeilles au couvain est moins violent que pendant la seconde.

Lorsque le poison n'a pas encore atteint un certain degré d'acuïté, ses effets sont lents, et ce n'est que par une inoculation continue et prolongée qu'il peut devenir mortel pour le couvain ; aussi, lorsque la nourriture cesse, le couvain malade peut-il parfaitement résister à la maladie. C'est ce qui explique pourquoi, dans la première période, les cadavres de larves se rencontrent tous dans des cellules non operculées ; car, si la mort n'a pas lieu avant l'operculation, la larve, par cela même qu'elle se transforme en chrysalide, cesse d'être nourrie : conséquemment, elle se trouve brusquement guérie, l'effet disparaissant avec la cause.

Si, au contraire, le poison est trop violent, ses effets délétères continuent, même après que la larve a cessé de prendre de la nourriture ; aussi, dans ce cas, la mort se produit-elle après l'operculation aussi souvent qu'avant.

Le couvain seul est atteint par la loque ; quant aux abeilles adultes, leur *idiosyncrasie* les met à l'abri. Les abeilles des ruches fortement contaminées deviennent, il est vrai, tristes et presque inoffensives, butinant fort peu ; mais la mortalité occasionnée par la loque ne les atteint jamais.

Un fait remarquable, qui prouve une fois de plus que les abeilles, loin de sucer les larves mortes, comme on le leur attribue à tort, en ont, au contraire, une profonde horreur, se rencontre lorsque la maladie est entrée dans sa deuxième période. On sait que l'abeille-mère a l'habitude de déposer ses œufs sans laisser de vides, de manière que le couvain se trouve groupé, sans laisser d'autres cellules vides que celles qui donnent naissance à une jeune abeille dont la place ne tarde pas à être occupée par un œuf. Il n'en est plus ainsi dans une colonie atteinte de la loque au deuxième degré ; le couvain, cette fois, se trouve irrégulièrement disposé, la mère ayant refusé de pondre dans les cellules contaminées, probablement parce que les abeilles, repoussées par la mauvaise odeur de ces cellules, ne les ont pas appropriées pour recevoir l'œuf.

C'est surtout à ce caractère qu'on distingue la deuxième période de la première.

Un autre caractère, qui ne permet pas de confondre la deuxième période de la loque avec la première, c'est qu'une grande partie des opercules qui recouvrent les cadavres visqueux et putrides des larves sont percés au milieu d'un petit trou rond; ces opercules en outre, qui sont d'une couleur brun foncé, sont tous affaissés.

Le trou rond dont nous venons de parler a dû, suivant toute probabilité, être pratiqué par les abeilles qui ont désoperculé la cellule pour enlever le cadavre qu'elle renferme ; mais l'odeur putride qui s'en dégage les fait aussitôt renoncer à leur ouvrage.

Cette odeur putride est si forte qu'elle se fait souvent sentir jusqu'au dehors de la ruche. C'est encore là un des caractères les plus saillants de la loque au deuxième degré, caractère qui ne permet pas de la confondre, soit avec le premier degré, soit avec toute autre maladie.

4° Transmission de la maladie. — D'après le docteur Prems, les cryptogames loqueux se multiplieraient par sporules d'une manière inconcevable. La contagion aurait lieu par la translation des sporules dans d'autres ruches, soit par le vent, soit par les abeilles.

Nous affirmons que la théorie du docteur Prems est radicalement fausse en ce qui concerne la manière dont la maladie se propage. Tout en reconnaissant la facilité qu'ont les cryptogames à se multiplier, nous sommes fondé à croire qu'ils ne constituent pas les seuls agents de destruction et que, livrés à eux-mêmes, ils seraient impuissants à engendrer la loque.

Les agents les plus actifs, d'après nous, doivent être des *infusoires.* Ces animalcules, qui ont été découverts par M. Pasteur dans la *fermentation butyrique,* sont de puissants agents de fermentation, qui doivent admirablement se développer dans un milieu pareil à celui qu'ils rencontrent dans des cellules operculées pleines de matières qui se prêtent d'autant mieux aux fermentations alcooliques, que l'air ambiant se trouve chauffé par les abeilles.

Quoi qu'il en soit, nous soutenons que l'introduction pure et simple, dans une colonie saine, des sporules loqueuses dont parle le docteur Prems ne peut engendrer la loque.

Il suffit, pour se convaincre que le vent n'est nullement un agent de translation de la maladie, de placer une ruche loqueuse au milieu d'un rucher; en agissant ainsi, on verra que, si le guichet de la ruche contaminée est fermé avec une toile métallique, de manière à en interdire l'accès aux abeilles des autres ruches, l'épidémie ne se propagera pas.

Nous avions donc raison de dire que le transport des sporules dans une ruche saine ne suffit pas pour infecter la colonie. L'idée que nous émettons, absolument contraire à tout ce qui a été dit et écrit sur ce sujet, trouvera certainement des contradicteurs et de plus nombreux incrédules; aussi tenons-nous à prouver, par des faits irréfutables, l'exactitude de nos affirmations.

Si la propagation de la loque s'opérait par le simple transport dans la ruche des sporules loqueuses dont parle le docteur Prems, il est évident que l'introduction dans une ruche saine d'un abeille-mère et de faux-bourdons provenant d'une colonie loqueuse au deuxième degré engendrerait fatalement la loque. Il n'en est rien pourtant. Prenez, en effet, en aussi grand nombre que vous voudrez, des faux-bourdons dans une colonie loqueuse au deuxième degré; prenez également la mère de cette même colonie; faites adopter le tout à une colonie parfaitement saine : — LA LOQUE NE SE DÉCLARERA PAS. Quatre fois nous avons renouvelé cette expérience, et quatre fois le résultat a été le même : LES COLONIES ADOPTIVES SONT TOUJOURS DEMEURÉES INDEMNES.

Il pourra n'en plus être ainsi si l'on renouvelle cette expérience avec des ouvrières qui sortent d'une colonie loqueuse au deuxième degré. Cette fois la maladie pourra entrer à leur suite dans la nouvelle ruche. Nous disons *pourra entrer*, car il n'est pas certain que la maladie se produise. Sur trois expériences faites par nous dans ces conditions, nous n'avons, en effet, provoqué qu'une seule fois la loque.

Pourquoi, dans le premier cas, la loque ne se produit-elle jamais ? Pourquoi encore, dans le second, la loque ne se produit-elle pas toujours ?

Il est difficile de se prononcer d'une façon absolument certaine en pareille circonstance ; mais la logique des faits semble indiquer que les *infusoires loqueux* doivent tapisser les parois du jabot des abeilles sur lesquelles ils s'accrochent lorsque l'ouvrière fait sa provision de miel pour le dégorger ensuite, soit dans les cellules, soit pour le donner au couvain. S'il en est ainsi, comme tout me porte à le croire, ce n'est qu'à la longue que ces *infusoires* doivent se détacher les uns après les autres pour se mélanger à nouveau, soit à la nourriture du couvain, soit au miel dégorgé dans les cellules où il peuvent devenir le germe d'une nouvelle fermentation loqueuse.

C'est ce qui expliquerait pourquoi les ouvrières seules peuvent empoisonner la nourriture qu'elles sucent pour la donner aux larves, tandis que la mère et les faux-bourdons, qui n'ont pas charge de nourrir les petits, ne peuvent conséquemment pas les empoisonner.

Si le même fait s'est produit avec des ouvrières malades introduites dans une colonie saine, c'est probablement parce que ces ouvrières n'étaient plus des nourricières, mais bien des butineuses. Et pourtant ces faux-bourdons, aussi bien que la mère et les butineuses, doivent avoir des sporules loqueuses attachées à leur corps et à leurs ailes. Or, ces sporules, si la théorie du docteur Prems était vraie, devraient nécessairement engendrer la maladie. Comme c'est le contraire qui a lieu, nous nous croyons autorisé à dire, une fois de plus, que la théorie du docteur Prems, jusqu'ici admise comme un article de foi, est radicalement fausse.

Pour nous, et les faits aussi bien que la logique semblent confirmer notre dire, la loque est une maladie purement locale qui prend sa source dans la fermentation de la cire, du miel et du pollen. Ces trois corps, mis en contact avec la fermentation putride et visqueuse du couvain, provoquent la multiplication des infusoires loqueux, qui n'ont d'action délétère que sur l'organisme intérieur des larves ; de telle sorte que le seul agent de translation de la maladie est, selon nous, la nourriture.

Il suit de là que la maladie peut devenir épidémique, mais jamais contagieuse.

Elle devient épidémique lorsqu'une ruche loqueuse, au deuxième degré, est pillée par les abeilles des ruches saines. Dans ces conditions, l'épidémie se propage avec d'autant plus de facilité que les abeilles des ruches loqueuses, qui ont perdu de leur énergie, défendent très faiblement leurs provisions contre les pillardes, souvent même pas du tout. Voilà pourquoi il importe, sitôt qu'une ruche est atteinte de la loque, d'y apporter un prompt et énergique remède.

5° Traitement. — La loque a longtemps été considérée comme incurable. Grâce à la récente découverte d'un agent thérapeutique des plus actifs, il n'en est heureusement plus de même aujourd'hui. Ce puissant agent est l'*acide salicylique*, qui a fait l'objet d'un rapport intéressant, de la part de M. le professeur Germain Sée, à l'Académie de médecine.

Outre ses propriétés thérapeutiques, l'acide salicylique est encore un antiseptique des plus énergiques. Popularisé par MM. Schlumberger et Cerkel, suivant le procédé du professeur Kolbe, il a été employé avec un remarquable succès pour la conservation des aliments. L'acide salicylique agit sur les infiniment petits et détruit ainsi, d'une manière infaillible, toutes les substances et tous les corps qui ont la propriété de déterminer une fermentation.

Lorsqu'on regarde sous le microscope une goutte de jus de viande ou de foie en putréfaction, disent les propagateurs du nouvel agent, on aperçoit un mouvement de vie des plus extraordinaires, qui est annihilé par l'addition d'un atome d'acide salicylique. Les infusoires (animalcules), qui vibraient avant l'addition de cet antiseptique, cessent de vivre dès qu'ils sont touchés par la puissance salicylique. La putréfaction des matières animales ou végétales cesse de faire son chemin au contact de cet acide ; et, dans le cas où la putréfaction ne fait que commencer, on peut instantanément en opérer la désinfection par une simple immersion dans une solution d'acide salicylique.

Un Polonais, M. E. Hilbert, apiculteur de Maciejewo, a eu, le premier, l'heureuse idée d'employer l'acide salicylique au traitement de la loque.

Nous sommes loin d'approuver d'une façon absolue la manière dont M. Hilbert traite les colonies loqueuses. Malgré tout ce qu'il a pu en dire et qu'en ont dit après lui les enthousiastes, nous soutenons que jamais, en opérant comme il l'indique, il n'a pu guérir une colonie fortement contaminée. Son traitement, parfaitement applicable au début seulement de la maladie, devient tout a fait insuffisant dans la deuxième période.

Nous avons vu M. Drory opérer minutieusement d'après les indications de M. Hilbert, sans jamais obtenir le moindre résultat. Tous ceux qui ont suivi les derniers cours de M. Drory, à Bordeaux, dans la propriété de M. L. Roussanne, sont là pour attester la vérité de notre affirmation.

Toutefois, malgré les réserves que nous croyons devoir formuler, on ne saurait proclamer trop haut le mérite de celui qui a eu le premier l'idée d'utiliser l'acide salicylique pour guérir les abeilles; or cette guérison devient certaine lorsqu'on apporte au traitement préconisé par M. Hilbert les modifications dont nous parlerons bientôt.

Avant d'aborder le côté réellement pratique de la question, nous devons, pour être complet, dire un mot d'un nouveau remède contre la loque. Celui-ci a été préconisé par M. A. Ackermann, apiculteur à Thurm (Allemagne), dans les colonnes du *Deutscher Bienenfreund.* On doit la traduction française de cet article à M. L. Pillain.

Ce remède consiste tout simplement à préparer un seau d'eau remplie d'une forte dissolution de soude et d'eau chauffée au soleil. On plonge ensuite successivement dans ce bain les gâteaux de cire contaminés et garnis de leurs abeilles ; on replace le tout dans la ruche, et le tour est joué : la loque a disparu.

Nous déclarons très nettement que ce procédé, qui a été publié par tous les journaux français et étrangers qui s'occupent d'apiculture, est une de ces hâbleries dont MM. les apiculteurs sont malheureusement trop prodigues. Ce remède équivaut à celui qui consisterait à mettre le feu à la maison pour en chasser les souris. Le remède serait pire que le mal. De même, dans le prétendu traitement de la loque par la soude, tous les gâteaux soumis à ce traitement sont perdus et ne peuvent plus être utilisés ; car, une fois que l'eau saturée de soude s'est évaporée, la soude forme sur tous les rayons une couche blanche si adhérente que les rayons ne peuvent plus servir. Mais passons pour parler de choses plus sérieuses. Revenons donc au traitement indiqué par M. Hilbert.

Avant toute chose, nous retiendrons des instructions données par l'apiculteur polonais le dosage de l'acide salicylique qu'on utilise dans le traitement de la loque :

ALCOOL SALICYLIQUE.

Acide salicylique cristallisé.	50 grammes.
Alcool à 100 degrés.	400 —
	450 —

L'alcool salicylique doit être étendu d'eau distillée parfaitement filtrée. Cette eau doit, en outre, être chauffée jusqu'à l'ébullition. Les proportions exactes du mélange sont les suivantes :

UNE GOUTTE D'ALCOOL SALICYCLIQUE SUR UN GRAMME D'EAU DISTILLÉE.

Voici maintenant comment on doit appliquer le traitement :

1° Sitôt qu'une colonie est malade, quel que soit le degré de la maladie, il faut sur-le-champ la circonscrire. Rien de plus facile : il suffit, pour atteindre ce but, d'arrêter immédiatement la ponte de l'abeille-mère en mettant cette dernière en cage. La ponte cessant, la mortalité cesse bientôt, puisqu'il ne se produit plus d'éclosions et que le couvain seul est susceptible d'être frappé.

Voilà le premier et le plus efficace de tous les remèdes. C'est donc par là qu'il faut commencer pour enrayer les progrès du mal et le combattre avec avantage.

Ici, comme sur bien d'autres points, nous sommes en opposition formelle avec M. Hilbert.

> On ne doit jamais, dit-il, emprisonner les mères des colonies atteintes de la loque; car, en agissant ainsi, loin de hâter la guérison, on ne ferait, au contraire, que la retarder, pas la raison bien simple qu'on affaiblirait considérablement la population.

La raison qu'il donne ne nous paraît pas aussi simple qu'il veut bien le dire. Évidemment son raisonnement serait logique si le traitement qu'il indique avait des effets aussi immédiats qu'il le prétend; mais il n'en est malheureusement rien. Or, étant admis que le couvain est fatalement destiné à mourir dans une ruche fortement contaminée et à venir accroître le foyer d'infection, il semble assez naturel d'arrêter sa production. Quant à l'affaiblissement des ruches, il est certainement regrettable. C'est là une des conséquences fatales de la maladie grave qu'on doit combattre. On remédie à cet affaiblissement, comme nous le verrons bientôt, en fortifiant la colonie. C'est, du reste, ce que recommande, de son côté, M. Hilbert, et, sur ce point, nous sommes d'accord avec lui.

2° Si la maladie est bénigne, si, autrement dit, elle est dans sa première période, nous nous contentons, après avoir emprisonné la mère, de faire suivre à la colonie le traitement que M. Hilbert a le tort de préconiser d'une façon générale.

Ici, nous cédons la parole à l'inventeur même du traitement, en supprimant, toutefois, certaines indications aussi inutiles que peu pratiques :

La désinfection et le traitement externe des colonies malades, dit M. Hilbert, se font à l'aide de l'instrument connu sous le nom de *rafraîchisseur* ou *pulvérisateur*. On se sert de cet appareil pour projeter l'acide salicylique, qu'il réduit en poussière humide.

Après avoir indiqué, comme il a déjà été dit, les proportions du mélange d'eau et d'alcool salicylique. M. Hilbert ajoute :

Il est indispensable d'employer *de suite* cette préparation (une goutte d'alcool salicylique sur un gramme d'eau distillée) et de veiller à ce que la température de l'eau soit au moins à 15 degrés; car, si l'on ne prenait pas ces précautions, l'acide salicylique se cristalliserait en formant des flocons. Il perdrait ainsi une partie de sa puissance et ne produirait pas tous les bons effets qu'on se propose de retirer de son emploi. Il pourrait même, dans certains cas, exercer une fâcheuse influence sur le couvain non encore operculé.

La proportion d'acide salicylique à ajouter dans l'eau ne doit pas s'écarter de celle que je viens d'indiquer, car une faible quantité diminuerait l'effet antiseptique du remède; une dose plus forte, au contraire, pourrait tuer le couvain non operculé, et qui est encore trop faible pour résister à un traitement trop énergique.

De nombreuses et actives expériences m'ont prouvé que les proportions que j'indique, tout en détruisant le champignon de la loque, ne nuisent en rien au couvain non operculé, si du moins l'aspersion est faite dans une chambre préalablement chauffée et qu'on ait, en outre, le soin de préserver le couvain d'un brusque refroidissement[1].

Tous les rayons de la colonie atteinte de la loque doivent être retirés de la ruche, et les abeilles qui y sont restées accrochées doivent être aspergées avec 30 grammes d'eau salicylique à l'aide du rafraîchisseur.

Après cette première opération, on enlève le premier rayon du chevalet qui les soutient et on fait tomber à l'aide d'une plume d'oie, dans la ruche qui vient d'être désinfectée, les abeilles qui se trouvent accrochées au rayon.

Quand le premier rayon aura ainsi été mis à nu, il devra être aspergé à

1. Il va sans dire que, lorsqu'on opère par une belle journée, bien chaude, le traitement doit se faire en plein air. Il vaut même infiniment mieux, selon nous, attendre une belle journée pour opérer en plein air que de transporter la ruche dans une chambre, ce qui du reste n'est pas toujours possible.

son tour avec l'eau salicylique dont nous avons donné la formule. Cette aspersion a pour but de détruire les champignons qui produisent la loque. Ce rayon sera ensuite placé dans sa ruche, et on procédera de la même manière pour tous les autres. Quand tous auront été mis en place, on fermera la ruche, qu'on devra garantir contre tout refroidissement.

Tous les deux jours, on devra donner à chaque ruche malade un demi litre environ de miel, ou, à défaut, une dissolution de sucre. On ajoutera à cette nourriture de trente à cinquante gouttes d'alcool salicylique, suivant la force de la colonie. Cette nourriture devra se donner le soir.

C'est là tout ce que nous voulons retenir du traitement, fort intelligent, du reste, que M. Hilbert n'a que le tort de préconiser d'une façon trop générale pour la loque à tous les degrés, en y ajoutant encore d'autres prescriptions fort peu pratiques, telles que, notamment, celle de vider les alvéoles loqueux avec un cure-oreilles.

3° Après avoir fait suivre le traitement qui précède aux colonies atteintes de la loque au premier degré seulement, et après les avoir soumises pendant huit jours au régime de la nourriture salicylique, nous considérons la ruche comme guérie ; mais nous ne délivrons pas néanmoins encore l'abeille-mère pour lui permettre de recommencer sa ponte interrompue par sa captivité.

Avant de la retirer de son étui, qui est en toile métallique, nous introduisons dans la ruche un cadre de couvain operculé, garni d'abeilles, que nous retirons d'une ruche saine.

Cette addition de rayons de couvain n'a pas uniquement pour but, chose pourtant fort désirable et que recommande avec raison M. Hilbert, de fortifier la colonie épuisée par la maladie. Notre principal objectif, en agissant ainsi, est de fournir à la colonie convalescente de jeunes abeilles nourricières du couvain ; ce qui permettra aux abeilles plus âgées de la colonie de se transformer toutes en butineuses. De la sorte, le futur couvain ne sera nourri que par des abeilles dont les organes intérieurs ne renfermeront pas le moindre infusoire loqueux.

4° Vingt-quatre heures après l'introduction dans la ruche des abeilles étrangères et du cadre à couvain operculé, nous donnons la liberté à la mère pour lui permettre de recommencer sa ponte.

Le retard de vingt-quatre heures que nous apportons dans la mise en liberté de la mère n'est pas absolument indispensable ; mais, dans certains cas, il peut être prudent. Les abeilles étrangères qu'on introduit dans la ruche ne sont pas toutes, en effet, de jeunes abeilles. Il y en a au contraire beaucoup de vieilles, qui sont toujours plus intraitables que les jeunes. Or, l'introduction de ces vieilles abeilles dans la ruche peut souvent provoquer le désordre et une bataille au milieu de laquelle la mère pourrait quelquefois être tuée si elle n'était pas retenue prisonnière et protégée par les mailles de l'étui en toile métallique qui lui sert de prison.

Vingt-quatre heures après l'introduction, au contraire, tout danger de ce genre est conjuré; car les vieilles abeilles étrangères sont toutes revenues à leur ancienne demeure, tandis que les jeunes sont restées dans leur nouvelle habitation.

5° Si la colonie est atteinte de la loque au deuxième degré, le traitement que nous venons d'indiquer serait insuffisant; il doit être beaucoup plus énergique.

Voici comment on procède dans ce second cas :

On cherche tout d'abord la mère, et, comme dans le premier cas, on la met en cage.

On brosse toutes les abeilles dans une autre ruche après les avoir préalablement aspergées avec de l'eau salicylique, non pas comme le dit M. Hilbert, pour détruire les champignons loqueux qu'elles peuvent avoir sur le corps, mais pour les obliger en se léchant à introduire dans leur jabot quelques parcelles d'acide salicylique, qui viendront tuer les infusoires loqueux qui peuvent en tapisser les parois.

En même temps que les abeilles, on placera dans la nouvelle ruche de la brèche sèche parfaitement saine (on donne le nom de brèche aux rayons de cire dont les cellules sont absolument vides). On placera également, au milieu de rayons secs, l'étui qui renferme la mère.

6° Quant aux cadres loqueux tenus en réserve, on sacrifie impitoyablement tout leur couvain, en coupant dans les gâteaux loqueux toutes les parties contaminées.

7° On désopercule le restant des rayons, et on les passe à l'extracteur pour en retirer le miel, en se conformant pour cela aux instructions que nous donnerons ultérieurement au chapitre de la récolte.

8° On lave à grande eau, avec une pomme d'arrosoir, les rayons vides. On les repasse ensuite à l'extracteur pour bien les sécher.

9° On asperge ces rayons, à l'aide d'un pulvérisateur, avec de l'eau additionnée d'alcool salicylique dans les proportions déjà indiquées.

10° On lave également la ruche vide à grande eau et. après qu'elle est séchée, on l'asperge également avec le même mélange d'eau et d'alcool salicylique.

11° On enferme les rayons dans la ruche, et, lorsque le tout est bien sec, on brûle, par surcroît de précaution, un peu de soufre dans la ruche, qu'on tient bien fermée.

Deux ou trois jours après, on fait aérer pendant quelques jours la ruche et les rayons qui, après ces précautions hygiéniques, peuvent être utilisés sans la moindre imprudence.

12° Quant au miel loqueux, on le fait bouillir pour tuer les mycodermes ou infusoires loqueux qu'il renferme; on écume avec soin et, pendant que le miel est encore chaud, on verse dans le récipient qui le contient cent gouttes environ d'alcool salicylique par kilogramme de miel.

On utilise ensuite ce miel pour donner, comme il a été indiqué pour la loque au premier degré, la nourriture salicylique aux abeilles.

13° Huit jours après, tout comme encore dans la loque au premier degré, on donne un cadre à couvain operculé couvert d'abeilles; vingt-quatre heures après avoir ainsi fortifié la colonie, on rend la liberté à la mère.

Le traitement que nous indiquons nous a toujours réussi. Il est énergique, mais certain. Quant à la médication pure et simple indiquée par M. Hilbert, qui, lui, ne sacrifie pas le couvain et ne change pas les abeilles de ruche, nous soutenons encore une fois qu'elle est absolument insuffisante : jamais un apiculteur quelconque, voire même M. Hilbert, n'a guéri ainsi une seule ruche atteinte de LA LOQUE AU DEUXIÈME DEGRÉ.

ENNEMIS DES ABEILLES

A présent que nous avons parlé des maladies des abeilles, ils nous reste à faire l'énumération de leurs ennemis. Nous ne consacrerons pourtant que quelques lignes à ce sujet ; car, pour si dangereux que soient quelques-uns de ces ennemis, ils sont à peu près tous impuissants contre les fortes colonies dont les ruches sont solides et bien fermées. Comme nous n'admettons pas qu'on puisse sérieusement faire de l'apiculture avec de mauvaises ruches et de médiocres essaims, ce n'est guère que pour mémoire, avant d'aborder la pratique apicole, que nous croyons devoir consacrer un très court chapitre aux ennemis des abeilles.

Pour nous, le seul ennemi réellement redoutable pour les abeilles bien logées, c'est le mauvais apiculteur. En dehors de ce fléau, dont l'instruction peut seule débarrasser les abeilles, voici la nomenclature des autres.

Parmi les insectes, on compte : les fausses-teignes de la cire (il y a la grande et la petite), les guêpes et les frelons, le philante apivore, le sphinx-atropos ou papillon tête-de-mort, les fourmis, les araignées, la libellule ou demoiselle.

Parmi les reptiles on cite, notamment, les crapauds, le lézard gris, les salamandres, les couleuvres, etc.

Au nombre des oiseaux destructeurs d'abeilles figurent au premier rang l'hirondelle, le pivert, la mésange, le rossignol et le moineau.

Enfin, parmi les quadrupèdes, citons la souris, la musaraigne, le rat, le mulot, la fouine et le putois.

De tous ces ennemis, les seuls qui comptent pour l'apiculteur mobiliste, dont les ruches protègent admirablement les abeilles, sont les araignées, qui prennent les abeilles dans leurs toiles, les fourmis qui dévorent le miel, et les fausses-teignes qui détruisent les gâteaux de cire.

La seule manière de se débarrasser des araignées et des fourmis est évidemment de détruire les toiles d'araignées et les fourmilières.

En réalité, l'ennemi vraiment redoutable pour les ruches, c'est la fausse-teigne ou gallérie de la cire. M. Maurice Girard range la fausse-teigne parmi les Lépidoptères du groupe des Microlépidoptères, de la famille des Crambides (les *galleria mellonella.* Linn.).

Il y a, comme nous l'avons dit, la grande et la petite fausse-teigne. Ce sont des papillons de couleur grisâtre qui s'introduisent dans les ruches pour y déposer leurs œufs. Aussitôt écloses, les chenilles blanches qui sortent de ces œufs s'enfoncent dans les cellules, dont elles dévorent la cire.

Elles creusent, dit M. Maurice Girard, de longs tuyaux irréguliers formés de soie et de grains de cire et aussi de leurs excréments granulés. On s'aperçoit de leur existence aux déjections noires, pareilles à des grains de poudre, qu'on trouve sur le tablier, mêlées à de nombreuses parcelles de cire et aussi à l'odeur exhalée par ces chenilles.

Elles ne touchent pas au miel, mais elles creusent et minent les rayons si profondément, qu'ils finissent par perdre toute solidité dans leur stucture, se détachent de la paroi supérieure et s'affaissent sur eux mêmes, pêle-mêle avec le miel, le pollen le couvain, et les abeilles, ce qui amène une destruction totale. Il y a au moins deux générations dans l'année. Les chenilles deviennent chrysalides dans la ruche, entourées de cocons d'une soie blanche, comme gommée, épais et résistants, agglomérés les uns contre les autres. Les adultes sortent pour s'accoupler et les femelles rentrent bientôt pour la ponte.

Il est à remarquer que la fausse-teigne n'exerce ses ravages que sur les colonies faibles, surtout sur celles dont les ruches sont mal calfeutrées. Le seul remède efficace contre les galléries de la cire est donc de n'avoir que de fortes colonies, seules capables de se débarrasser des chenilles au fur et à mesure qu'elles naissent. Il est encore à remarquer que les papillons s'introduisent plus facilement par le derrière des ruches que par l'entrée des abeilles. Voilà pourquoi il est indispensable que les portes ferment hermétiquement.

LES RUCHES A CADRES MOBILES

I. — Choix d'une ruche. — C'est de la ruche que dépend en partie le succès en apiculture. Le choix à faire d'une bonne ruche est donc fort important. On a beau dire qu'il n'y a pas de mauvais outils pour un bon ouvrier ; nous soutenons, nous, qu'on ne peut faire de l'apiculture rationnelle, sérieusement productive, qu'avec d'excellentes ruches.

Avant d'acheter un cheval, il faut bâtir l'écurie. Avant de prendre en main la truelle, il faut dresser un plan, en s'inspirant des commodités du palefrenier et de l'hygiène du cheval. Comme les mêmes principes doivent être observés en apiculture, nous nous préoccuperons de rechercher quelle est la meilleure ruche avant d'acheter des abeilles pour les y loger. Faisons donc cette recherche.

Il existe une très grande rivalité entre les apiculteurs. Tous, ou presque tous, répudiant l'œuvre des maîtres, ont créé une ruche portant leur nom. Cela tient à ce que l'apiculture mobiliste date à peine d'hier, et que, par suite, il faut bien le reconnaître, une ruche entièrement exempte de défauts n'a pas encore été trouvée ; elle ne le sera peut-être pas de longtemps. Voici les obstacles qu'on rencontre à cet égard :

La rivalité des inventeurs les rend naturellement fort injustes les uns envers les autres ; tel, en effet, de parti pris, repoussera systématiquement l'amélioration apportée aux ruches par son voisin, alors que cette amélioration, jointe à celle qu'il a trouvée lui-même, constituerait peut-être un tout excellent. En apiculture, chacun met une sorte de gloriole à voler de ses propres ailes sans rien emprunter au voisin. Nous nous efforcerons de ne pas tomber dans ce travers, en reconnaissant à chacun le mérite qui lui est dû.

Tout apiculteur préconise donc les incomparables merveilles de sa découverte, en critiquant, cela va sans dire, celle des autres ; aussi ne sait-on plus à quel saint se vouer lorsqu'il s'agit de faire un choix. Ce choix devient d'autant plus difficile, que la diversité des ruches atteint des proportions vraiment fantastiques. L'apiculteur qui voudrait les essayer toutes pour connaître la meilleure, se ruinerait infailliblement.

Nos lecteurs nous dispenseront sans doute de faire passer sous leurs yeux la longue série des ruches, plus ou moins ingénieuses ou plus ou moins absurdes, qui sont employées en apiculture. Un pareil travail, qui comporterait plusieurs volumes, ne présenterait du reste qu'un médiocre intérêt ; car, à part quatre ou cinq systèmes, il faut reconnaître que tous les autres sont construits en dépit du bon sens. Les nombreuses défectuosités de ces ruches s'expliquent par ce fait, que, sur cent débutants, quatre-vingt-dix au moins, avant même de connaître les principes les plus élémentaires de l'apiculture, ont commencé par inventer une ruche ou par apporter des modifications à celles de nos plus grands maîtres : les Langstroth, les Berleps, les Quimby, les Dzierzon, les Bastian, les Dadant, les Drory, etc., etc.

Le meilleur conseil que nous puissions donner aux débutants, auxquels s'adressent plus particulièrement nos observations, c'est de se prémunir contre cette fâcheuse tendance, qui consiste à produire des découvertes apicoles avant d'avoir trois ou quatre ans de pratique. Ceux qui suivront notre conseil nous en sauront gré plus tard ; ajoutons que leur bourse ne s'en trouvera pas plus mal. La pratique apicole, en effet, se compose d'une infinité de petits détails fort importants, qui échappent aux novices, ou qu'ils considèrent souvent comme inutiles ou d'un intérêt médiocre. C'est pourtant l'observation de ce qu'ils considèrent comme des minuties qui fait le succès. Ceci explique pourquoi les découvertes apicoles trop prématurées sont toujours mauvaises.

Le choix d'une bonne ruche, surtout pour débuter, est pourtant, ainsi que nous l'avons dit, une chose de la dernière importance ; mais, comme on le voit par ce qui précède, il demande une expérience dont les débutants sont naturellement dépourvus. Nous ferons donc ce choix pour leur compte, sauf à eux, lorsqu'ils auront acquis les connaissances nécessaires, d'accorder ultérieurement leurs préférences à une autre ruche, si toutefois ils ne se sont pas bien trouvés de nos conseils.

Il est reconnu que la meilleure ruche est celle qui est la plus facile à conduire, la plus chaude en hiver, suffisamment aérée en été, et qui peut, en outre, s'agrandir ou se rétrécir suivant les besoins. La ruche qui réunit ces différentes qualités, est incontestablement la meilleure, car c'est celle qui donnera à l'apiculteur le moyen de faire produire aux abeilles le maximum qu'elles peuvent fournir.

Ne regardez pas à la dépense, et défiez-vous des ruches bon marché. On en fait de fort jolies pour 4 francs, qui sont bonnes pour mettre au feu. L'économie qui consiste à acheter un objet de 4 francs, qui ne doit rien produire, et à en repousser un de 20 qui donnerait de lucratifs bénéfices, est une économie mal comprise. Or une ruche de 20 francs, solidement et chaudement établie, produira plus que cinq de 4 francs. Ayons donc des ruches d'un prix relativement élevé puisque, somme toute, elles sont les plus économiques, et que ce prix nous donne le droit de nous montrer rigoureux dans leur choix.

Disons encore que le plus sûr moyen de ne pas faire de fausses manœuvres dans la construction des ruches, lorsqu'on n'en a jamais fait, c'est d'avoir sous les yeux un modèle qu'on achète à ceux qui font métier d'en fabriquer. Nous avons toujours remarqué d'ailleurs que les ruches construites par les ouvriers amateurs, ou qui n'en ont pas la pratique, sont presque toujours vicieuses et reviennent plus cher que si elles avaient été achetées à un bon fabricant. On comprend, en effet, que celui qui fabrique continuellement le même objet le fait dans des conditions d'économie, d'adresse et de célérité qu'il n'est guère donné à l'ouvrier amateur d'atteindre. Nous croyons donc donner un autre bon conseil aux débutants en les engageant, au lieu de fabriquer leurs premières ruches ou de les faire construire sous leur direction par un menuisier qui n'en a jamais fait, de s'adresser tout simplement à un ouvrier expérimenté. Nous n'entrerons donc pas dans les minutieux détails que comporte la construction des ruches. Nous nous bornerons à des considérations générales, qui permettront d'apprécier les qualités bonnes ou mauvaises d'une ruche.

Les ruches à cadres mobiles se divisent en trois catégories principales : LES RUCHES VERTICALES, HORIZONTALES et MIXTES. Ces différentes ruches se subdivisent elles-mêmes en deux classes : LES RUCHES A BATISSES CHAUDES et celles A BATISSES FROIDES.

II. — RUCHES VERTICALES. — La ruche verticale se compose de plusieurs étages. Sa forme est plus haute que longue. C'est la ruche dite *à calotte*, des apiculteurs fixistes, ainsi que leurs *ruches à hausses*, qui a donné l'idée de construire des ruches verticales. Elles présentent tous les inconvénients des ruches à calotte, sans avoir les avantages des ruches à hausses, qui sont beaucoup mieux comprises que celles à calotte.

Les ruches à hausses, employées par les apiculteurs fixistes, se composent de plusieurs paniers superposés les uns sur les autres. Cette combinaison permet d'ajouter une hausse vide sur le bas de la ruche lorsque cette dernière est pleine. Cette manière de conduire les ruches, en les allongeant par le bas, ne contrarie pas l'instinct des abeilles, qui les porte à construire de haut en bas, sans jamais laisser de vides à la partie supérieure.

Si ce mode pouvait être suivi avec les ruches verticales, nous n'aurions aucune objection à faire sur leur emploi ; mais il n'en est pas ainsi. Dans les ruches verticales, à cadres mobiles, de même que dans les ruches à calotte, c'est seulement lorsque la cave est pleine qu'on oblige les abeilles à passer dans le grenier, en leur faisant successivement construire les bâtisses du premier étage d'abord, puis celle du second, du troisième, et ainsi de suite. Voilà pourquoi nous repoussons cette ruche d'une façon absolue. Le principe de culture sur lequel elle est basée, nous semble aussi faux que celui des ruches à calotte. Selon nous donc, la forme des ruches verticales, qu'elles soient à cadres mobiles ou à calotte est absolument vicieuse, en ce sens, encore une fois, qu'elle contrarie l'instinct des abeilles qui les porte à travailler en allant de haut en bas, et à loger leur miel au-dessus du couvain, le plus près possible de ce dernier. Ce changement dans leurs habitudes les contrarie au point que, souvent, lorsque la récolte du miel n'est pas très abondante, elles refusent obstinément de monter à l'étage supérieur, malgré les artifices employés par les apiculteurs pour les y contraindre. Dans ce cas, les abeilles finissent par se fatiguer d'être trop à l'étroit dans l'étage inférieur où elles persistent pourtant à rester; aussi, plutôt que de monter, se décident-elles souvent à élever des mères et à essaimer. Si l'on n'y prend garde, en effet, un essaim naturel ne tarde pas à s'échapper avec la vieille mère. Ce n'est qu'au prix d'une attention constante, d'une surveillance de chaque jour, qu'on évite ce désagrément. Or, en apiculture surtout, on doit rechercher les choses positives qui laissent le moins possible à l'imprévu, qui, malgré tout, réserve tant de surprises aux apiculteurs!

Il existe bien un moyen, il est vrai, de remédier au mal que nous venons de signaler. Ce moyen consiste, au lieu d'obliger les abeilles à délaisser les constructions et les provisions du premier étage pour monter au second, de transporter le tout dans ce dernier; de telle sorte que le plus élevé se trouve plein et l'inférieur vide. Mais ici se présente un nouvel inconvénient : — pour opérer de cette manière, il est nécessaire de donner les mêmes dimensions à tous les étages. Dans ce cas, l'élévation du plafond devenant excessive, il en résulte une déperdition de chaleur dans la ruche, puisque les abeilles sont obligées de se diviser, en se plaçant les unes à la cave et les autres au grenier. D'autre part, si le plafond de la ruche se trouve trop élevé, les abeilles qui travaillent au haut des gâteaux supérieurs sont trop éloignées du trou de vol, ce qui provoque un manque d'air d'abord et puis ensuite une fatigante et longue ascension pour les butineuses. Voilà pourquoi nous prescrivons la ruche verticale proprement dite. Nous verrons plus tard qu'on peut obtenir d'aussi beaux rayons de miel, soit avec les ruches horizontales, soit avec les ruches mixtes, qu'avec les autres ruches, qui sont surtout préconisées par les apiculteurs qui tiennent à vendre du miel en rayons.

III. — Ruches horizontales. — La ruche horizontale est une ruche dans laquelle l'espace destiné à recevoir le miel se trouve placé latéralement à la chambre à couvain, en d'autres termes à la place où la mère dépose ses œufs; de telle sorte que les deux compartiments n'en font en réalité qu'un seul. Le soin de diviser la ruche en grenier à miel et en chambre à couvain est entièrement laissé à l'instinct des abeilles.

Cette ruche est, par conséquent, plus longue que haute. Pour répondre aux exigences de la richesse mellifère des contrées les plus favorisées de la France, elle doit posséder seize cadres ayant, à l'extérieur, 365 millimètres de haut sur 285 de large, qui correspondent à des ruches ayant, à l'intérieur, 40 centimètres de haut sur 30 de large. Nous verrons ultérieurement que ces dimensions ne sont nullement arbitraires.

La ruche horizontale présente l'avantage, parfaitement reconnu aujourd'hui, de faire produire plus de miel que la ruche verticale; elle permet, en outre, tout aussi bien que cette dernière, de stimuler la production des essaims, ce dont nous ne sommes pas du reste partisan. Il suffit pour développer cette production, de ne pas donner trop de place aux abeilles. — On obtient ainsi une ruche tout aussi étroite que la ruche verticale.

Cette ruche, toutefois, malgré ces qualités, présente un grand défaut, — « celui d'avoir le plafond un peu bas ». Or on sait qu'un appartement dont le plafond manque d'élévation, est froid en hiver et chaud en été. Il en est de même des ruches; aussi la ruche horizontale ne réunit-elle pas toutes les conditions désirables pour l'hivernage; nous disons pour l'hivernage seulement, en ce sens que, pendant l'été, l'inconvénient que nous signalons se trouve racheté par les larges dimensions de la ruche à seize cadres, qui présente une grande superficie à l'air; cette large superficie entretient la fraîcheur dans la ruche et corrige, sur ce point, le manque d'élévation du plafond. Néanmoins, malgré ses défauts, la ruche horizontale est la plus convenable pour les débutants, car elle est de toutes la plus facile à manier et, par suite, la seule qui convienne à des novices.

IV. — Ruches mixtes. — Si la ruche horizontale est préférable pour les novices, la ruche mixte est celle qui convient le mieux aux abeilles. Son plafond, en effet, au lieu d'être comme celui des ruches horizontales à $0^{m},40$ du parquet, se trouve à $0^{m},60$ d'élévation et contient douze cadres ayant environ un tiers d'élévation de plus que ceux des ruches horizontales, c'est-à-dire 0m,545 au lieu de 365. De cette façon, en ayant une capacité égale à celle de la ruche horizontale, elle a l'avantage sur cette dernière d'avoir un plafond élevé, tout en présentant une superficie moindre à l'air; de telle sorte que l'hivernage y est meilleur et le séjour pendant l'été au moins aussi bon. Cette heureuse disposition du plafond, n'exige pas pour ces ruches une aussi puissante aération que pour les autres. S'il est malheureusement vrai de dire que chaque médaille a son revers, ce n'est certes pas dans les ruches qu'il faut chercher une exception à la règle. — Des cadres ayant 0m,545 de hauteur sur 0m,285 de large présentent, en effet, deux inconvénients : ils sont fort difficiles à manier lorsqu'ils sont pleins de miel et recouverts d'abeilles; en second lieu, il est plus difficile, avec des cadres d'une pareille dimension, de faire construire aux abeilles des rayons aussi droits que lorsque ces cadres n'ont que 0m,365 de haut. — Pour tourner cette grave difficulté, on a imaginé de couper ces cadres en deux. On a donné à une partie la même hauteur qu'aux cadres destinés aux ruches horizontales (0m,365) et à l'autre partie 0m,170. De cette manière on a des cadres plus maniables; — de plus, en les superposant l'un sur l'autre, on obtient la hauteur du cadre entier, moins toutefois un centimètre de vide, qu'on est forcé de laisser entre les deux cadres pour empêcher que les abeilles ne les soudent l'un contre l'autre. Le vide qu'on est obligé de laisser entre le cadre du haut et celui du bas, entraîne à sa suite une complication nouvelle. — On conçoit, en effet, que si les petits cadres étaient tous placés soit sur le haut des grands cadres, soit sur le bas, il en résulterait qu'un vide de un centimètre partagerait horizontalement la ruche en deux; ce vide serait gênant pour les abeilles, qui ont besoin de passer facilement des cadres inférieurs aux cadres supérieurs, et *vice versa*. D'autre part, ce vide, qui couperait dans sa hauteur la ruche en deux, offrirait des inconvénients pour l'hivernage : les rayons inférieurs seraient d'autant plus froids, qu'un courant d'air s'établirait aussi bien sur le haut que sur le bas de ses rayons. — Tel est le motif pour lequel au lieu de placer tous les petits cadres, soit sur le haut, soit sur le bas des grands, on aime mieux les intercaler en plaçant, sur la même ligne, tantôt un petit cadre et tantôt un grand. Mais on conçoit qu'une pareille manière de distribuer les cadres complique singulièrement les manœuvres ; aussi la ruche mixte, malgré les avantages qu'elle présente pour les abeilles, ne convient-elle guère qu'aux apiculteurs consommés qui, outre la grande habitude qu'ils ont de manier les abeilles, n'ont besoin que d'ouvrir rarement les ruches. Voilà pourquoi nous engageons les débutants à adopter les ruches horizontales, sauf à donner ultérieurement leurs préférences aux ruches mixtes lorsqu'ils se sentiront de force à en faire usage.

V. — RUCHES A BATISSES CHAUDES. — On appelle *ruches à batisses chaudes,* celles dans laquelle le *trou de vol* (celui où passent les abeilles) se trouve placé parallèlement aux rayons. Grâce à cette disposition, l'air du dehors, en entrant dans la ruche, vient d'abord frapper un seul côté d'un seul rayon avant de circuler autour des autres.

Nous avons remarqué que, presque toujours, lorsque le trou de vol se trouve ainsi placé, les abeilles rongent les premiers rayons pour avoir plus d'air, du moins si le trou de vol se trouve à $0^{m},10$ ou $0^{m},12$ d'élévation au-dessus du parquet de la ruche. Il est bon de noter toutefois, que ce fait ne se produit que lorsque les essaims sont vigoureux. Dans ce dernier cas, c'est exactement en face du trou de vol que les abeilles rongent les rayons. En agissant ainsi, la colonie cherche évidemment à faciliter l'accès de l'air dans la ruche ; ce qui prouve surabondamment que l'aération des ruches à bâtisses chaudes est souvent insuffisante lorsque le trou de vol est a une certaine hauteur du parquet de la ruche.

Voici, du reste, une autre observation qui confirme l'exactitude de la première : — pendant les fortes chaleurs de l'été, les abeilles font plus souvent la grappe sous le guichet des ruches à bâtisses chaudes que sous celui des ruches à bâtisses froides.

Sans donc répudier les ruches à bâtisses chaudes, qui conviennent aux essaims faibles, nous aimons infiniment mieux les ruches à bâtisses froides, parce que nous n'admettons pas qu'un bon apiculteur puisse garder de petits essaims qui, seuls, pourraient justifier l'emploi des ruches à bâtisses chaudes.

VI. — RUCHES A BATISSES FROIDES. — La ruche à *bâtisses froides* est celle dont le trou de vol se trouve placé perpendiculairement aux rayons. Cette position permet à l'air de circuler librement entre plusieurs rayons à la fois. Or une grande introduction d'air dans la ruche est, pendant la belle saison surtout, excessivement favorable aux abeilles. Il est bien entendu que, par grande introduction d'air, nous n'entendons nullement parler de *courants d'air* qui sont, eux, fort nuisibles aux abeilles.

Nous relevons la preuve de l'exactitude de nos assertions dans ces deux faits : 1° l'abeille-mère dépose toujours de préférence ses œufs dans les ruches à bâtisses froides, sur les rayons qui se trouvent en face du trou de vol plutôt que sur ceux qui en sont éloignés; 2° comme nous l'avons déjà dit, les abeilles, pendant les fortes chaleurs de l'été, font moins souvent et, dans tous les cas, moins longtemps la grappe sous le guichet des ruches à bâtisses froides que sous celui des autres.

C'est pour ce double motif que nous donnons la préférence aux ruches à bâtisses froides.

VII. — Ruches a plafond mobile. — Les ruches qui s'ouvrent, soit par le haut, soit à la fois par le haut et l'un des côtés, sont infiniment plus commodes que les autres; mais elles présentent le grave inconvénient d'être peu solides; comme les côtés ne se trouvent retenus dans le sens de la longueur ni par le haut ni par l'un des bouts, ils se déjettent facilement; or une ruche dont les montants ne sont pas parfaitement droits et parallèles entre eux, doit être mise au rebut. Voilà pourquoi nous avons fini, après en avoir fait usage pendant deux ans, par mettre de côté ce genre de ruches.

En fait de ruches s'ouvrant par le haut, la seule qui présente toutes les conditions voulues de solidité est celle que préconise M. Dadant (les côtés sont retenus par les deux bouts). Malheureusement cette ruche perd en commodité ce qu'elle gagne en solidité.

Comme elle a tous ses côtés fermés, il n'est pas possible d'examiner l'intérieur de la ruche sans ouvrir le haut, opération qui oblige d'enfumer chaque fois les abeilles pour en lever et visiter les cadres.

Ce grave inconvénient, il est vrai, n'en est pas un pour un apiculteur parfaitement expérimenté, qui n'a besoin d'ouvrir que très rarement les ruches pour savoir ce qui s'y passe; mais il n'en est plus de même pour celui qui n'est pas de première force dans l'art de conduire les abeilles. Cette seconde catégorie d'apiculteurs, qui est la plus nombreuse assurément, a besoin de donner souvent un coup d'œil à ses colonies pour connaître les soins qu'elles réclament de lui; or, si ses nombreuses visites l'obligent chaque fois d'enfumer les abeilles, il peut apporter un très grand trouble dans la ruche. Une porte vitrée, qui permet de visiter les derniers rayons de la ruche sans déranger les mouches à miel, est donc une chose, sinon indispensable, du moins fort utile. Voilà pourquoi nous donnons la préférence à la ruche Dzierzon, dont nous parlerons bientôt, qui, tout en étant des plus solides, a deux portes vitrées au lieu d'une, alors que la ruche Dadant en est absolument dépourvue.

VIII. — Aération. — Les ruches horizontales, qui ont le plafond bas, doivent surtout être bien aérées. Nous insistons sur ce point important, qui nous semble ne pas avoir été bien compris par la généralité des apiculteurs, même par les plus distingués. Tous reconnaissent fort bien qu'une bonne aération des ruches est indispensable aux abeilles; mais Langstroth, Quimby et Drory sont les seuls, croyons-nous, qui aient sérieusement tenu compte de cette nécessité.

M. Ch. Dadant recommande bien, il est vrai, de donner de grandes proportions au trou de vol dans le sens de la longueur, sauf à le rétrécir le cas échéant à l'aide d'une réglette; mais cela ne suffit pas.

Langstroth et Quimby ont fait mieux : ils ont pratiqué un trou rond sur le beau milieu d'un des côtés de la ruche, au-dessus du trou de vol. Quant à M. Drory, il a, lui aussi, percé deux trous d'air au-dessus du trou de vol. Ces deux trous, toutefois, n'occupent pas la place choisie par Langstroth et Quimby; il les met beaucoup plus haut; dans les ruches Drory, en effet, ils se trouvent à $0^{m},02$ seulement au-dessous du plafond.

L'idée de M. Drory, qui n'est qu'une variante de celle de Langstroth et de Quimby, ne nous semble pas heureuse. Nous aimons mieux le trou d'air à moitié hauteur de la ruche; dans la combinaison Langstroth et Quimby, le couvain se trouve plus près de l'orifice; si l'on suit, au contraire, les indications Drory, c'est le miel déposé au haut des cadres qui bénéficie le premier du contact de l'air; or le miel n'en a nul besoin.

M. Drory, pour justifier son idée, explique qu'en plaçant les trous d'air au haut de la ruche, il s'établit un tirage semblable à celui des cheminées, qui permet à l'air de se renouveler plus facilement.

Cet argument nous touche peu. Nous ne voyons pas l'utilité qu'il peut y avoir à renouveler d'une façon aussi énergique les couches supérieures de l'air intérieur sur un point où ne doit se trouver, à l'époque de la récolte, que le miel et le pollen. Quoi qu'il en soit, une pareille ventilation est vicieuse, car elle pousse l'abeille-mère, pour rapprocher le couvain des trous d'air, à déposer ses œufs presque au haut des cadres. Il suit de là que, sur les cadres à couvain, il ne reste plus aux butineuses qu'à déposer leurs provisions sur les côtés et le bas des gâteaux, et très peu sur le haut. Si l'on s'inspire des mœurs des abeilles à l'état sauvage, le couvain doit se trouver au bas des gâteaux et les provisions sur le haut.

L'inconvénient que nous venons de signaler ne se rencontre presque jamais lorsque les trous d'air ne sont pas sur le haut de la ruche. Voilà pourquoi nous les plaçons à moitié hauteur.

Toutefois, si nous donnons la préférence à l'endroit choisi par Langstroth et Quimby pour percer le trou d'air, en revanche nous aimons mieux suivre l'exemple de M. Drory lorsqu'il recommande de pratiquer deux petits trous ronds plutôt qu'un seul ayant un plus fort diamètre.

Avec la combinaison Drory on peut, en effet, régler la quantité d'air à donner suivant la température; il suffit, pour cela, de fermer ou d'ouvrir soit une seule ouverture, soit les deux à la fois.

Nous pratiquerons donc, à moitié hauteur de la ruche, au-dessus du trou de vol, deux trous ronds de $0^{m},02$ de diamètre, séparés entre eux par une distance de $0^{m},10$ d'axe en axe. On fermera ou on ouvrira ces trous à volonté, à l'aide de bouchons en liège.

En dehors de ces deux trous, M. Drory a encore eu l'idée d'en percer deux autres au milieu de la porte. Ils ont $0^{m},050$ de diamètre et sont séparés entre eux par une distance de $0^{m},12$ d'axe en axe. Ces trous sont recouverts, du côté intérieur, par une toile métallique dont les mailles ne permettent pas aux abeilles de passer. Ces deux ouvertures sont encore recouvertes, à l'extérieur, par une petite planchette qu'on fixe, entre les deux trous, à l'aide d'une vis qui lui sert de pivot et autour de laquelle elle peut tourner. En faisant basculer cette planchette à droite ou à gauche, on ouvre ou on ferme les trous à volonté.

M. Drory a pratiqué ces deux ouvertures pour établir, dit-il, un courant d'air dans la ruche pendant les fortes chaleurs de l'été. Ici, nous cessons d'être de son avis ; car, comme nous l'avons déjà dit et répété, les abeilles n'aiment pas les courants d'air ; aussi, si l'on ouvre ces trous et qu'on permette aux abeilles d'en approcher en enlevant la porte vitrée qui les en sépare, est-on parfaitement sûr qu'elles propoliseront la toile métallique, du moins si la colonie est vigoureuse. Voilà pourquoi nous les supprimons.

IX. — Ruche Dzierzon. — Parmi les ruches qui réunissent ce double avantage d'être à la fois *horizontales* et à *bâtisses froides*, notre ruche de prédilection, surtout pour les débutants, est la ruche inventée par M. Dzierzon. Nous n'adoptons toutefois ni les dimensions indiquées par l'inventeur, parce qu'elles ne répondent pas à la richesse de notre flore, ni son système de baguettes porte-rayons, auxquels nous préférons les cadres fermés, qui sont plus solides et plus faciles à manier.

Nous n'adoptons pas non plus le groupement des ruches, qu'il dispose en les juxtaposant deux par deux, et en les superposant ensuite par paires, les unes sur les autres, de façon à en former une véritable pyramide.

Cet agencement est, à coup sûr, fort agréable à l'œil ; mais il est surtout parfaitement incommode, en ce sens que, pour ouvrir une ruche, on est forcé de se mettre exactement en face du trou de vol d'une autre.

On appelle ce système de ruches, *ruches jumelles Dzierzon* et *pavillon Dzierzon*. Ces dénominations, selon nous, sont tout aussi impropres l'une que l'autre. Nous dirons donc tout simplement La Ruche Dzierzon, pour désigner l'invention de ce savant apiculteur.

La figure suivante représente la ruche Dzierzon placée sur une table destinée à l'élever au-dessus du sol (les deux côtés de la ruche sont recouverts de paille tassée). Les lignes pointillées M N O Q et O P figurent une toiture en bois destinée à protéger la ruche contre la pluie et le soleil. Les deux trous E F sont les deux trous à air dont nous avons déjà parlé; KLGH, l'une des deux portes. A B figurent le trou de vol par où entrent et sortent les abeilles,

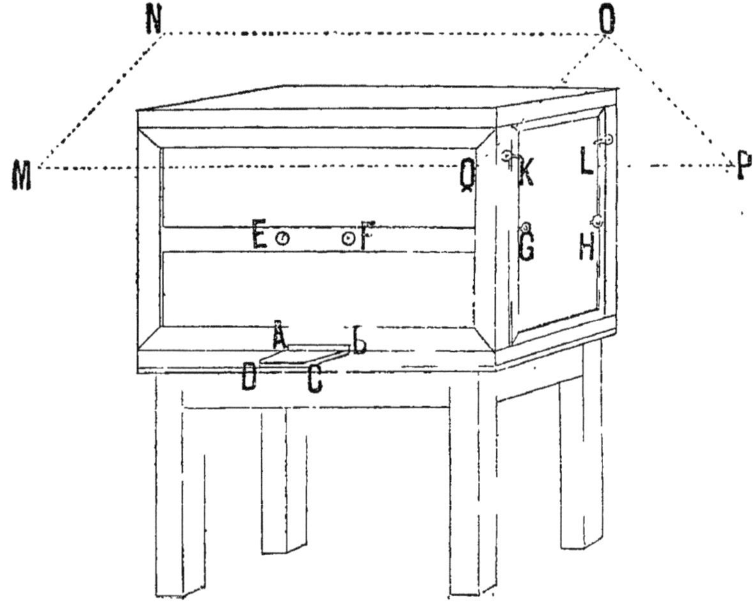

et ABCD figure la planchette sur laquelle se posent les abeilles en rentrant ou en sortant de la ruche.

Le trou de vol doit avoir 1 centimètre de haut sur 12 de large. Il doit être placé, selon nous, à fleur du plancher et sur le milieu de l'un des côtés; en d'autres termes, il doit partager la ruche en deux, afin qu'aucun rayon ne se trouve éloigné de l'entrée des abeilles.

M. Drory, et avec lui la majeure partie de ses disciples, placent le trou de vol à $0^{m},12$ au-dessus du plancher de la ruche. Deux raisons sont données pour justifier cette mesure : 1° si un gâteau de miel vient à se détacher du cadre, une ouverture pratiquée au ras du plancher peut plus facilement être obstruée que si elle était en contre-haut; 2° Il est reconnu que lorsque le trou de vol se trouve élevé, les abeilles construisent leurs gâteaux de cire plus droits que si le trou de vol se trouve plus bas.

Nous n'admettons pas la première raison, qui n'est qu'une exception fort rare, surtout lorsqu'on conduit bien ses abeilles. Reste la seconde, qui est plus sérieuse sans être concluante. Elle est réellement sérieuse, puisqu'il est prouvé, en effet, que les abeilles construisent plus droit lorsque l'air frappe directement le milieu des rayons. Il faudrait donc placer le trou de vol à 0m,12 de haut, comme le veut M. Drory, s'il n'y avait pas d'autre moyen de mettre le milieu des rayons en contact avec l'air; mais, comme nous obtenons le même résultat en plaçant le trou d'air EF à moitié hauteur, comme l'indiquent Langstroth et Quimby, rien ne s'oppose plus à ce que nous descendions le trou de vol au ras du plancher.

Cette disposition offre un très grand avantage, en ce sens que les abeilles peuvent plus facilement charrier au dehors les saletés qui tombent sur le plancher de la ruche.

Nous avons remarqué que dans les ruches faibles surtout, qui ont le trou de vol élevé, le plancher est toujours sale; dans les ruches qui ont le trou de vol sur le bas, au contraire, il est toujours propre. Voilà pourquoi, à l'exemple de tous les grands apiculteurs, M. Drory excepté, nous descendons le trou de vol au ras du parquet.

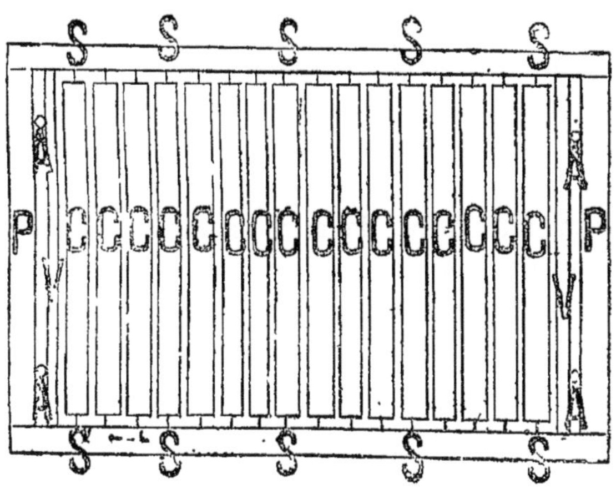

Les dimensions intérieures de la ruche dont nous offrons le modèle ont 0m,30 de large sur 0m,40 de hauteur. L'intérieur est garni de seize cadres CCC, etc., de la figure suivante, de deux planches de partition AA et AA et de deux portes PP et PP. Les points SSS, etc., indiquent les pointes qui supportent les cadres dans les rainures. Nous allons successivement décrire les cadres et les planches de partition qui garnissent l'intérieur de cette ruche.

La figure ci-contre représente un cadre vu seul et isolé. Ce cadre a extérieurement 365 millimètres de haut sur 285 millimètres de large ; — il s'accroche à l'aide de deux pitons ou de deux pointes sans tête A A, enfoncées dans montant supérieur, à un centimètre et demi au-dessous du plafond de la ruche.

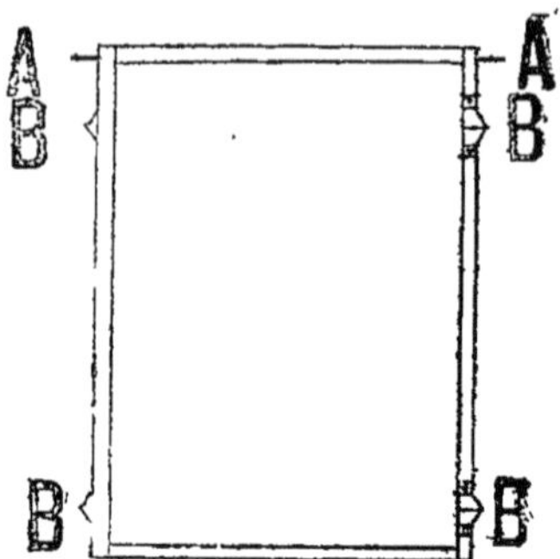

Si l'on n'a pas perdu de vue que la ruche a, à l'intérieur, 40 centimètres de haut sur 30 de large, on voit de suite qu'il existe un vide entre les montants du cadre et les parois de la ruche, de un centimètre et demi sur le haut et les côtés et de deux sur le bas.

Le vide du bas n'a aucune importance. Il est destiné à laisser passer une raclette qu'on introduit au bout d'un long manche pour enlever les saletés qui sont tombées sur le parquet.

Quant au vide du haut et des côtés, il doit être rigoureusement de un centimètre et demi, ni plus ni moins. Nous appelons tout particulièrement l'attention de nos lecteurs sur cette dimension, qui n'a rien d'arbitraire ; car, si elle est moindre, les abeilles attachent les cadres aux parois de la ruche avec de la propolis ; si le vide est plus grand, elles le remplissent avec de la cire ; si, enfin, il est exactement d'un centimètre et demi, elles ne peuvent ni bâtir ni propoliser ce vide, ce qui permet de facilement introduire ou retirer les cadres de la ruche.

L'épaisseur moyenne des rayons de miel est généralement de 28 millimètres lorsque ces rayons sont formés avec des cellules d'ouvrières ; d'autre part, les ruelles entre les rayons pour que les abeilles puissent y circuler doivent avoir 7 millimètres. Il résulte donc de là que les montants des cadres doivent avoir 28 millimètres de large, c'est-à-dire l'épaisseur du rayon, et qu'ils doivent être distants entre eux de 7 millimètres pour donner passage aux abeilles. Quant à l'épaisseur des montants, une de 5 millimètres est suffisante.

Il nous reste à voir comment on obtient l'écartement des

cadres, entre eux d'abord, et, ensuite, avec les parois de la ruche. Ces écartements s'obtiennent de plusieurs manières, soit à l'aide de pointes à tête large enfoncées dans les montants, soit à l'aide de pitons également enfoncés dans les montants, soit enfin, et c'est ce qui est le moins sujet à se déranger, à l'aide de petites

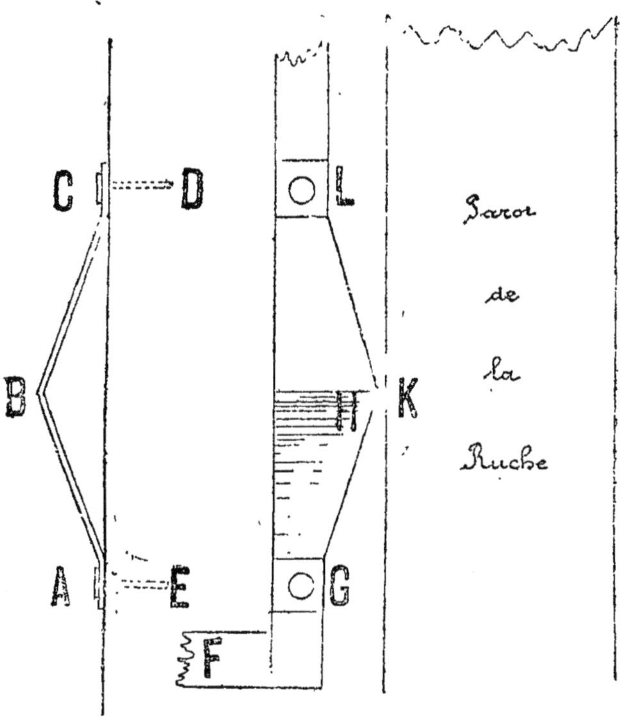

bandes de zinc recourbées et clouées sur les montants : deux sur le montant de droite B B et sur le devant, et deux clouées sur le derrière du montant de gauche BB.

La figure ci-dessus permettra de bien se rendre compte de la manière dont on obtient les écartements :

C B A représente le côté triangulaire de la bande de zinc qui maintient l'écartement entre les cadres.

La bande de zinc se recourbe à ses deux extrémités A C et s'applique contre le cadre sur lequel elle est clouée à l'aide de deux pointes D E.

LHG représente la même bande de zinc vue du dessus, dont un côté est découpé en triangle. C'est la pointe H de ce triangle LHG qui maintient l'écartement avec la paroi K.

La figure suivante fera maintenant comprendre la position occupée par les cadres dans la ruche.

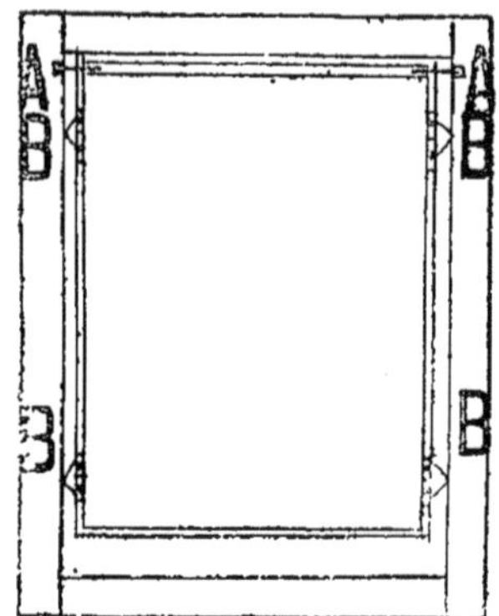

AA représente les pointes supports qui retiennent le cadre lorsqu'il est suspendu dans la rainure pratiquée sur les deux montants de la ruche, et BBBB les quatre bandes de zinc qui maintiennent les écartements.

Comme on peut facilement le comprendre en examinant attentivement cette figure, le cadre qui glisse dans les rainures AA s'enfonce à volonté dans la ruche jusqu'à ce qu'il rencontre un arrêt quelconque. Cet arrêt fait précisément défaut dans la ruche Dzierzon ; aussi offre-t-elle un sérieux inconvénient lorsqu'on veut placer les cadres dans la ruche. C'est précisément ce qui nous a donné l'idée de combler cette lacune, dont l'importance ne saurait être contestée. Une partie des cadres, en effet, s'introduit par une porte et le restant par l'autre. Le premier vient se placer à longueur de bras, un peu après le trou de vol. Il est donc indispensable que ce cadre, contre lequel viennent s'appliquer tous ceux qui s'introduisent par le même côté, soit solidement fixé à sa place, afin que, par un mouvement trop brusque, mal calculé, qu'on pourrait faire en mettant le second, on ne puisse déranger le premier de sa position. C'est ce qui arrive presque toujours avec la ruche ordinaire Dzierzon. Cette position doit cependant toujours être perpendiculaire au trou de vol et, par suite, former une équerre avec les côtés de la ruche.

Pour obtenir la solidité du premier cadre, nous avons eu l'idée de le faire porter contre quatre pointes sans tête, que nous enfonçons dans les montants de la ruche, soit une pointe en haut et une autre en bas de chaque montant. Les pointes du haut doivent être à environ 0m,025 du plafond, et les autres à 0m,030 du parquet.

Ces quatre pointes servent de point d'arrêt au premier cadre, qui résiste ainsi aux secousses qu'on peut lui imprimer en introduisant les autres par la même porte.

Les cadres qu'on introduit par le premier côté sont habituellement au nombre de dix, de telle sorte que le premier qu'on introduit dépasse la moitié de la ruche, qui n'en contient que seize. Les points d'arrêts ne doivent donc pas partager exactement la ruche en deux parties égales ; ils doivent se placer entre le dixième et le onzième cadre. De cette façon, dix cadres pouvant être introduits par un même côté, tous réunis offrent assez de résistance pour qu'on n'ait pas à craindre de les déplacer lorsqu'on introduit les six autres cadres par la porte opposée.

Il est d'une grande importance de pouvoir donner l'espace nécessaire à l'essaim qui doit habiter la ruche. Si l'essaim est fort, il faut lui donner beaucoup de place, de même qu'à la saison de la récolte ; si, au contraire, il est faible ou que l'hiver approche, il faut le rétrécir. Une ruche trop étroite force les abeilles à essaimer si la saison le leur permet ; une ruche trop grande offre des inconvénients tout aussi grands dont nous aurons occasion de parler dans la suite.

Tous ces inconvénients sont évités grâce à la *planche de partition* représentée par la figure suivante. — Cette *planche de partition*, à laquelle nous conservons son nom technique, n'est en réalité qu'une porte vitrée, qui s'avance ou se recule à volonté dans l'intérieur de la ruche. Elle y est tenue en suspension à l'aide de deux oreillettes CC qu'on fait glisser dans les rainures qui supportent les cadres. Les montants de cette porte vitrée sont garnis intérieurement de deux clous à tête large, qui maintiennent entre la porte et le dernier cadre l'écartement nécessaire pour le passage des abeilles. Sur la face extérieure sont enfoncés deux pitons AA, par lesquels on saisit la porte soit pour l'enfoncer dans la ruche, soit pour l'en retirer.

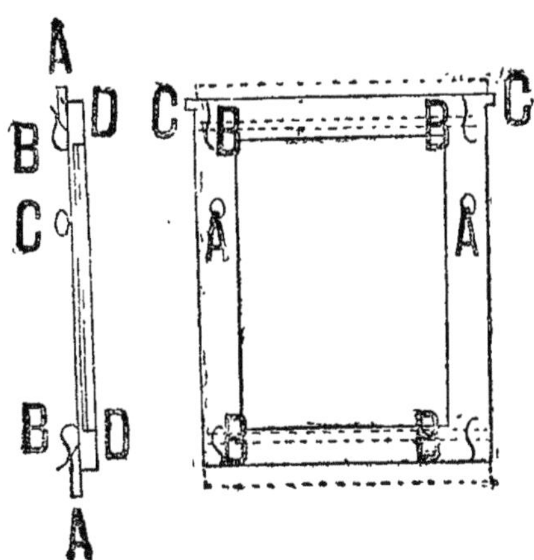

La planche de partition est formée d'un cadre BBBB, garni de deux oreillettes CC qui, comme nous l'avons dit, permettent de la suspendre dans la ruche. Ce cadre, qui est muni d'une vitre, est en bois mince de 0m,01 environ d'épaisseur et de la largeur intérieure de la ruche. La hauteur a 0m,04 de moins que celle de la ruche, de telle sorte qu'il existe un vide de 0m,01 1/2 sur le haut, et de 0m,02 1/2 sur le bas. Ces vides sont nécessaires pour faciliter d'abord le jeu de la planche de partition et permettre de nettoyer le dessous de la ruche sans enlever la porte vitrée; en second lieu, pour pouvoir projeter de la fumée dans la ruche avant de l'ouvrir complètement.

Ces vides se ferment à l'aide de deux petites planchettes très minces, qui sont figurées par les lignes pointillées qu'on aperçoit au haut et au bas de la figure de la planche de partition, contre laquelle elles sont maintenues à l'aide de deux ressorts pour le haut et de deux autres pour le bas.

Le montant qui est figuré à gauche de la figure permet de se rendre parfaitement compte du jeu des planchettes AA, qui jouent à frottement contre le montant DD, contre lequel elles sont maintenues par les ressorts ou lames pliantes BB. L'anneau C indique le piton qui sert à pousser ou à retirer la planche de partition.

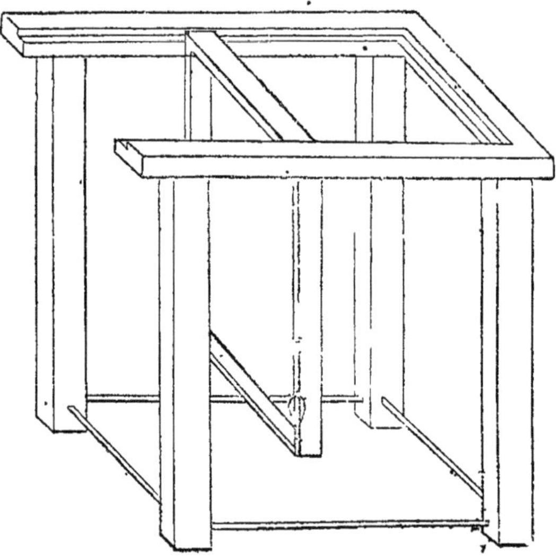

A présent que nous avons décrit la ruche dont nous allons faire usage, il ne nous reste plus, avant d'aborder la pratique apicole, qu'à indiquer les instruments indispensables à l'apiculteur mobiliste.

Ces instruments sont d'abord un chevalet porte-rayons sur lequel, comme on le voit par la figure ci-dessus, se placent les cadres qu'on retire de la ruche.

Ces chevalets sont généralement en bois. Les plus commodes doivent pouvoir contenir un dizaine de cadres seulement; mais, dans ce cas, comme les ruches peuvent en contenir seize, il est évident qu'il est indispensable d'en avoir deux.

Enfin, les quatre outils suivants sont : le premier, à gauche,

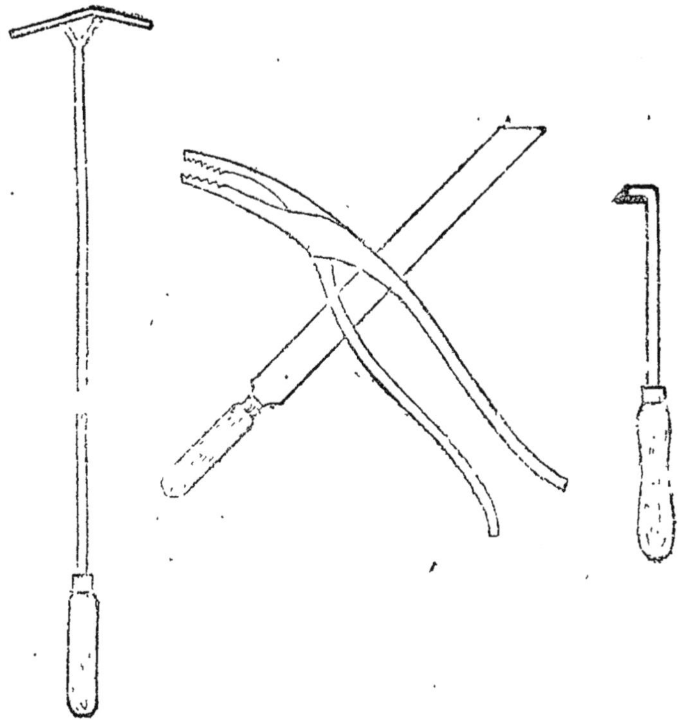

une raclette pour nettoyer le parquet de la ruche; les deux du milieu, une pince d'apiculteur pour retirer les cadres de la ruche ou pour les y introduire, et un couteau à lame pliante pour détacher les cadres que les abeilles ont pu attacher aux parois de la ruche. Le quatrième instrument est un crochet à pointe triangulaire qui sert pour nettoyer les rainures.

Un cinquième outil, encore plus indispensable que les autres, mais dont la forme importe peu, est une simple cassolette en tôle, munie de trous et d'un couvercle, dans laquelle on fait brûler du bois pourri ou tout autre chose pour enfumer les abeilles.

ORGANISATION DU RUCHER

I. — Installation du rucher. — Le rucher doit être installé autant que possible à l'abri des grands vents du nord. Il est bon de le placer près des maisons d'habitation, afin que les abeilles s'habituent à voir des personnes circuler autour de leur demeure. Les ruches doivent être éloignées des mauvaises odeurs et des lieux fréquentés par les animaux. Il est également indispensable d'éloigner les ruches des grandes pièces d'eau. Un pareil voisinage est dangereux pour les abeilles qui, lorsqu'elles rentrent chargées au logis, peuvent être emportées par un coup de vent sur la pièce d'eau, dans laquelle elles peuvent tomber épuisées de fatigue.

II. — Exposition des ruches. — Toutes les expositions conviennent à la rigueur aux ruches, pourvu que le trou de vol des abeilles ne soit exposé ni aux grands vents du nord ni aux rayons trop ardents du soleil du midi.

La meilleure exposition est celle du sud-est; la plus mauvaise est celle du midi.

Lorsque le trou de vol se trouve placé à cette dernière exposition, le soleil grille les abeilles pendant l'été et les empêche de travailler, à moins qu'elles ne soient ombragées par des arbres; l'hiver, le soleil les trompe sur la température : à peine, en effet, sont-elles sorties de la ruche, d'où le soleil les a trop tôt excitées à sortir que, saisies par un courant d'air froid, elles tombent à terre pour ne plus se relever. Voilà pourquoi on doit proscrire l'exposition du midi chaque fois qu'on le peut, surtout lorsque les ruches sont adossées à un mur qui, en concentrant la chaleur du soleil, contribue encore plus à tromper les abeilles sur la véritable température qui les attend à leur sortie.

III. — Distance des ruches entre elles. — Ici on ne doit se préoccuper que des convenances de l'apiculteur et de l'étendue du terrain dont on dispose. Après nous être livré à des expériences multiples à cet égard, nous sommes demeuré convaincu qu'il n'y avait aucun inconvénient à grouper les ruches : les abeilles se trompent fort rarement de porte; aussi engageons-nous les apiculteurs à grouper les ruches quatre par quatre, de manière qu'un seul piédestal, ayant 40 centimètres de haut, et une seule toiture servent aux quatre ruches. La disposition qu'on doit adopter dans ce cas est très simple : on place deux premières ruches, dos à dos, sur le piédestal ; de telle sorte qu'une aura le trou de vol à l'est, par exemple, tandis que l'autre l'aura du côté opposé, c'est-à-dire à l'ouest. Ce premier étage de ruches ainsi établi, on forme un second étage avec deux autres ruches, auxquelles on donne la même exposition qu'à celles du bas. On aura ainsi deux trous de vol à l'est, l'un en haut, l'autre en bas, et deux à l'ouest dans les mêmes conditions. Par contre, on aura quatre portes au nord et les quatre autres au sud, du moins si l'on adopte le système de ruches que nous préconisons (*Ruche Dzierzon modifiée*).

Une fois que ce premier groupe de quatre ruches est établi, on en place quatre autres à une distance d'un mètre des premiers. Cet intervalle d'au moins un mètre entre chaque groupe de ruches est nécessaire pour la facilité des opérations. Si l'intervalle était moindre, l'apiculteur serait gêné dans ses mouvements.

Si l'on veut établir une seconde rangée de ruches parallèlement au premier rang, il est indispensable de laisser un espace de quatre mètres au moins entre les deux rangs, pour qu'on puisse passer entre deux lignes de ruches sans trop se mettre dans le vol des abeilles, celles de l'est du premier rang, par exemple, faisant face à celles de l'ouest du second.

IV. — Achat d'essaims. — Maintenant que notre rucher est bien installé avec des ruches vides, il ne s'agit plus que de le peupler en achetant des essaims logés dans des ruches communes. Le mois de mars est généralement l'époque la plus favorable de l'année pour faire cette opération : les abeilles ont passé l'hiver; les rayons de cire, qui ont durci, sont d'autant plus faciles à manier que les cellules ne contiennent plus que peu de miel; enfin, la ponte de l'abeille-mère ayant déjà commencé, il devient facile de s'assurer, par la présence même du couvain, que la ruche n'est pas orpheline.

N'achetez pas de ruches à vos voisins, à moins que, en les prenant toutes, vous n'en laissiez pas une seule dans le rucher qui les fournit; toutes les vieilles abeilles reviendraient à la place d'où vous les avez sorties, et, comme elles ne retrouveraient pas leur demeure, elles iraient demander l'hospitalité aux ruches les plus voisines, qui bénéficieraient ainsi de ce que perdraient les vôtres. Dans tous les cas, lors même que l'hospitalité serait refusée à vos abeilles par celles qui sont restées sur les lieux, elles seraient perdues pour vous : elles se feraient tuer; mais elles ne reviendraient pas à votre rucher, à moins, encore une fois, qu'il ne reste plus une seule ruche à leur première place. Pour éviter cet inconvénient, il faut tout acheter ou rien, et transporter tout à la fois pour que la place demeure nette. Mais ce qui vaut infiniment mieux encore, c'est d'aller acheter des abeilles à trois kilomètres au moins du point où on veut les transporter.

Les débutants commettent généralement la faute d'acheter de petits essaims, qui sont naturellement meilleur marché que les autres. En agissant ainsi, ils ont l'espoir de voir leurs colonies se fortifier pendant le printemps.

C'est là une économie fort mal comprise. Un essaim faible, entre les mains d'un novice, ne vaut absolument rien : l'apiculteur inexpérimenté le laisse toujours végéter, lorsque, toutefois, faute de connaissances et d'éléments nécessaires pour l'aider à se refaire, il ne le tue pas tout à fait. Les apiculteurs expérimentés eux-mêmes finissent souvent par payer fort cher cette nature d'essaims, du moins si l'on tient compte de tous les sacrifices faits en détail pour les fortifier. Règle générale, du reste, sans la moindre exception : on ne peut faire de bonne apiculture qu'avec des ruches bien populeuses. Un bel et vigoureux essaim vaut infiniment mieux que quatre médiocres. Nous avons déjà expliqué ce fait, en apparence anormal, dans la partie théorique de notre travail; nous croyons devoir y revenir pour qu'il se grave bien dans l'esprit des débutants.

Supposons qu'il faille 10,000 abeilles pour exécuter les travaux intérieurs de la ruche, c'est-à-dire pour maintenir la température nécessaire à l'éclosion des œufs, réchauffer le couvain et le nourrir, vaquer aux soins de propreté, établir une ventilation nécessaire, etc., etc. Si la ruche ne se compose que de 20,000 abeilles, pendant que 10,000 demeureront dans la ruche, 10,000 seulement iront butiner dans les champs. Si la colonie, au contraire, se compose de 40,000 abeilles, le nombre de 10,000 mouches improductives demeurant le même, nous aurons 30,000 butineuses, 40,000 si l'essaim se compose de 50,000 abeilles, etc. Or, si nous divisons ces 50,000 abeilles en quatre essaims, nous aurons moins de butineuses, puisque le nombre des ouvrières sédentaires sera plus fort.

Voilà pourquoi, coûte que coûte, il faut acheter de forts essaims qui, outre qu'ils fournissent plus de miel, produisent également plus d'abeilles que les petits.

Marchandez donc, si vous en avez l'habitude; la chose est toujours permise, même en apiculture; mais achetez les plus beaux essaims d'un rucher, c'est-à-dire les plus lourds, les plus populeux, ceux dont les abeilles sont les plus actives; ce qui est une preuve que l'essaim n'est pas orphelin. Prenez, s'il est possible, des ruches qui aient fourni un essaim l'année précédente; c'est là une preuve certaine que l'abeille-mère est jeune, puisque la vieille mère, comme nous l'avons dit dans la partie théorique, a émigré avec l'essaim naturel.

Avec de pareilles colonies, vous aurez du succès. Avec des médiocres, vous n'enregistrerez que des déboires.

V. — Transport des ruches communes. — Nous sommes peu partisan du transport des ruches communes; nous aimons infiniment mieux, lorsque nous en achetons, transvaser sur place les abeilles dans les ruches à cadres mobiles, et, après leur avoir donné le temps de bien s'y installer, les transporter ensuite à notre rucher. Le transport fait dans ces conditions, outre qu'il n'offre aucun danger, est également beaucoup plus commode que s'il a lieu avec des ruches communes. Toutefois, comme il n'est pas toujours possible d'opérer le transvasement des abeilles chez le vendeur, nous allons indiquer la manière dont on devra s'y prendre pour effectuer le transport des ruches communes.

Comme nous l'avons déjà dit, le mois de mars est le meilleur moment pour acheter les ruches et surtout pour les transporter au nouveau rucher. A cette époque, encore une fois, les ruches ayant passé l'hiver, on juge mieux de leur valeur, et les rayons sont plus légers. Il en résulte qu'ils peuvent mieux se transporter et être installés dans les ruches à cadres. On choisit, pour le transport, une journée fraîche, mais pas trop froide (avec la chaleur les rayons peuvent se détacher; tandis qu'avec le froid ils se brisent). On opère le soir, lorsque toutes les abeilles sont rentrées des champs.

On doit avoir préalablement le soin de préparer de bonnes et solides toiles d'emballage, au milieu desquelles on pratique un trou carré de 20 centimètres environ de côté. On coud sur ce trou, destiné à donner de l'air aux abeilles, une toile métallique pour les empêcher de sortir, ce qui pourrait faire courir les plus grands dangers pendant la route. Voilà pourquoi il est indispensable de prendre les plus minutieuses précautions pour éviter les accidents.

On place la ruche sur la toile, exactement en face du trou grillé. On relève les bords de la toile, qu'on attache solidement, tout au tour de la ruche, avec une corde. Si la ruche est en osier, dont les joints soient mastiqués avec de la bouse de vache, comme il est d'usage de le faire dans certaines contrées, pour les ruches en cloche, il faut absolument que la toile d'emballage soit assez grande pour recouvrir la ruche en entier. Un peu de bouse sèche de vache venant à se détacher, pendant la route, livrerait passage aux abeilles, qui se jetteraient sur le conducteur et le cheval qui les porte.

Cette opération terminée, on renverse la ruche, l'ouverture en l'air et la pointe en bas. On la porte, dans cette position verticale, sur une voiture bien suspendue. Par surcroît de précaution, il faut avoir le soin de placer une bonne couche de paille sur la voiture pour amortir les cahots.

Après avoir bien assujetti la ruche dans sa position verticale, toujours l'ouverture grillée en l'air, la voiture se rend au rucher au pas du cheval qui la traîne.

On s'empresse, à l'arrivée, de décharger les ruches et de leur faire reprendre leur position ordinaire, qui est d'avoir l'ouverture en bas et la pointe en l'air, si ce sont des ruches en cloche. On les met fort exactement à la place que doivent désormais et définitivement occuper les abeilles, même lorsqu'elles seront logées dans les ruches à cadres qu'on leur destine et qui viendront ultérieurement prendre la place des ruches communes.

Ces dernières, dès qu'elles auront été descendues de la voiture, devront être placées sur des cales, pour permettre à l'air de passer par-dessous, afin d'éviter que les abeilles ne s'étouffent.

Il faut surtout avoir le soin de tourner le trou de vol dans la direction choisie pour celui de la ruche à cadres mobiles, qui doit remplacer la ruche commune. Quelques instants après que la ruche est en place, et que les abeilles qui, pendant la route, s'étaient accrochées à la toile, ont eu le temps de remonter dans la ruche, on soulève doucement cette dernière et on enlève la toile d'emballage ainsi que les cales.

VI. — Enfumage, aspersion et tapotement. — Avant de nous occuper du transvasement des abeilles d'une ruche commune dans une ruche à cadres, il nous paraît indispensable de revenir, tout d'abord, sur un sujet fort important, que nous n'avons fait qu'effleurer dans la partie théorique de cette étude. Nous voulons parler de la manière de dompter les abeilles. C'est là tout un art, qu'il faut absolument connaître pour pouvoir impunément manipuler des abeilles sans se faire piquer par elles. On n'a pas oublié sans doute que cet art est basé sur la connaissance des faits suivants :

Les abeilles qui veulent quitter leur ruche pour une autre ont la précaution, avant leur départ, de faire des provisions de route, en remplissant à cet effet leur jabot de miel.

Lorsque ce dernier est plein, les abeilles sont à peu près inoffensives. Il s'agit donc, pour les dompter, de les effrayer, afin de les obliger, en prévision d'un départ forcé, de se gorger de miel. Le signal du départ est donné par quelques abeilles d'abord, qui font entendre un bruissement particulier en battant fortement l'air avec leurs ailes. Lorsque ce bruissement persiste avec énergie, il finit par être répété par toutes les mouches qui se disposent à émigrer. C'est alors qu'on les voit plonger la tête dans les cellules pour se gorger de miel, et qu'on dit de la colonie qu'elle est *en bruissement*.

Trois moyens sont employés, soit séparément, soit simultanément, pour mettre les abeilles *en bruissement :* l'enfumage, l'aspersion et le tapotement.

1° On enfume généralement les abeilles avec du bois pourri, avec des épis de maïs dépouillés de leurs grains, avec de la bouse sèche de vache et avec du tabac. Quelques apiculteurs préconisent aussi l'emploi des vieux chiffons. En ce qui nous concerne, nous ne sommes pas partisan de ce dernier mode ; car les chiffons produisent une fumée âcre, qui provoque souvent la colère des abeilles au lieu de les calmer.

En apiculture rationnelle, nous ne saurions trop le répéter, l'enfumage a pour but, non d'étouffer les abeilles ou simplement de les asphyxier un moment, comme on le croit à tort dans nos campagnes, mais de les effrayer pour les obliger de se gorger de miel. Encore une fois, l'unique objectif que doit se proposer un apiculteur intelligent, lorsqu'il enfume ses abeilles, est de leur faire peur pour les mettre *en bruissement.* On obtient ce résultat en enfumant peu et souvent, de manière à provoquer et à maintenir le bruissement complet et continu de toutes les abeilles.

Lorsque le bruissement est général, on doit cesser d'enfumer et ne recommencer que lorsqu'il se ralentit. Pendant les intervalles où on n'enfume pas, il faut toujours avoir l'œil au guet et l'oreille tendue.

Si une abeille court, de droite et de gauche, sur les rayons, ou qu'elle vole sans but en zigzag, enfumez promptement : c'est là une abeille en colère, et la colère d'une abeille, si elle n'est pas vite calmée, se communique de proche en proche à toute la colonie.

Enfumez encore si une abeille fait entendre avec ses ailes un bruissement sec, aigu, strident. Après deux ou trois avertissements de cette nature, cette abeille vous sautera dessus si vous ne prévenez son attaque en lui lançant un peu de fumée pour la calmer. En apiculture, où il est fort utile d'avoir de bons yeux, il vaut cependant mieux être aveugle que sourd.

Le principal secret pour manier des abeilles est là ! que nos lecteurs en fassent leur profit. Lorsqu'on a l'oreille exercée, chose qui s'acquiert assez vite, on peut manier sans imprudence des abeilles, même au milieu d'une foule. Tant qu'on ne possède pas l'expérience nécessaire, au contraire, on se fait larder de coups d'aiguillon par les abeilles, chaque fois qu'on ouvre une ruche. Mais, après tout, on n'en meurt pas, et il faut bien que le métier *entre!* Toutefois, pour que l'apprentissage ne devienne pas trop cuisant, il reste aux novices la ressource de se voiler la figure avec du *tulle noir*. Le noir est indispensable. Avec toute autre couleur, on ne pourrait pas distinguer les œufs de l'abeille-mère, dont il est souvent utile de constater la présence au fond des cellules. Ces œufs, qui sont blancs et presque microscopiques, tranchent sur le noir. Or il devient impossible de les distinguer lorsqu'on a, par exemple, un voile blanc sur les yeux.

2° Il arrive parfois que les abeilles résistent à la fumée et qu'elles refusent de se gorger de miel. Un apiculteur expérimenté et aguerri, qui ne craint plus les piqûres, passe toujours outre; mais nous ne saurions trop engager les novices à se montrer plus prudents. Nous les engageons, dans le cas où leurs abeilles se montreraient peu dociles, à employer à leur égard *l'aspersion*. Ce moyen est des plus simples, il consiste à mélanger quelques gouttes d'essence de menthe à de l'eau miellée ou sucrée. On verse cette eau sucrée, ainsi aromatisée, dans un pulvérisateur, et on asperge les abeilles. Jamais une ruche ne résiste à cette aspersion : les abeilles se lèchent entre elles, se gorgent de miel et se mettent aussitôt en bruissement.

Un apiculteur exercé, encore une fois, n'utilise jamais ce moyen qui ne peut guère, du reste, être employé avec succès que dans les ruches à cadre. Nous engageons néanmoins les débutants à l'employer dans toutes leurs opérations, jusqu'à ce qu'ils se soient bien familiarisés avec le maniement des abeilles.

3° *Le tapotement* est une opération qui consiste à tambouriner sur les parois extérieures des ruches pour activer le bruissement des abeilles et les obliger, dans certains cas, comme nous le verrons bientôt, à quitter définitivement la ruche. On peut mettre les abeilles en bruissement à l'aide seulement du tapotement et sans emploi de fumée ; mais l'opération est fort longue, aussi vaut-il mieux employer simultanément les deux procédés, en y joignant même l'aspersion, lorsqu'on n'a pas une grande expérience des manipulations.

Quand on veut chasser tout à fait les abeilles d'une ruche commune, pour les faire passer dans une autre, le tapotement, dont on peut se dispenser dans les autres cas, devient indispensable.

VII. — Changement de logement des abeilles. — Cette opération consiste à installer dans une ruche à cadres mobiles, avec toutes leurs provisions, les abeilles logées dans une ruche commune.

On ne doit faire cette opération que deux jours au moins après que la ruche commune a été installée à la place qu'on destine aux abeilles, afin que ces dernières aient eu le temps de bien reconnaître la place et la direction du trou de vol.

Le moment venu, voici comment on procède :

1° On garnit son enfumoir de manière à avoir beaucoup de fumée à sa disposition. On enfume très légèrement les abeilles en plaçant un moment l'enfumoir sous la ruche qu'on fait soulever par un aide;

2° A peine le bruissement a-t-il commencé, qu'on enlève la ruche pour la porter sur-le-champ à une dizaine de mètres plus loin, et autant que possible à l'ombre. Si l'on peut la porter à 20 ou 30 mètres, les choses n'en iront que mieux, en ce sens que, pendant l'opération, on attirera moins les pillardes des autres ruches. On met sur le siège de la ruche qu'on vient d'enlever une ruche vide destinée à recevoir les abeilles qui reviennent des champs.

3° Si l'on a plusieurs ruches à transvaser, on en déplace deux ou trois autres comme on a fait pour la première, mais en ayant le soin de les transporter sur des points éloignés les uns des autres. Nous verrons bientôt pourquoi.

4° Ces préparatifs terminés, on laisse les abeilles en repos pendant une heure. Nous engageons même les débutants, qui sont encore peu aguerris, à les laisser en repos pendant deux ou trois heures, et même un peu plus s'ils en sont à leur première opération; seulement, dans ce cas, ils ne devront déplacer qu'une seule ruche, sauf à renvoyer au lendemain le déplacement de plusieurs à la fois.

Ce déplacement et ce repos après le déplacement ont pour but de débarrasser la ruche d'une grande partie des vieilles abeilles qui, comme nous l'avons dit dans la partie théorique de notre travail, sont toujours plus irascibles que les jeunes abeilles qui ne sont pas encore sorties de la ruche. Les apiculteurs expérimentés ne prennent pas toutes ces précautions : ils aiment mieux braver quelques piqûres et aller plus vite en besogne ; mais les débutants ne sauraient jamais être trop circonspects. En laissant les ruches en repos après leur déplacement, ils ne tarderont pas à voir les vieilles abeilles sortir les unes après les autres de la ruche, et se diriger vers leur ancienne place où elles trouveront à s'abriter dans la ruche vide dont il a été parlé.

5° Lorsque le gros des vieilles abeilles a quitté la ruche, ce qui se reconnaît lorsqu'il n'en sort plus que de loin en loin, on soulève la ruche et l'on enfume jusqu'à ce qu'on ait obtenu le bruissement complet dont il a été parlé autre part.

On s'arrête un moment pour donner aux abeilles le temps de se gorger, soit cinq minutes. On colle ensuite l'oreille contre les parois de la ruche pour s'assurer que le bruissement continue. S'il a cessé, on enfume de nouveau jusqu'à ce qu'il ait recommencé. On enfume peu et souvent, en répétant l'opération jusqu'à ce qu'on ait obtenu un bruissement continu, qui dure même après qu'on a cessé d'enfumer.

6° Lorsque le bruissement est complet, on est absolument maître des abeilles. On renverse alors la ruche, l'ouverture en l'air et la pointe en bas, en enfonçant cette dernière entre les quatre pieds d'un escabeau non paillé, qui la maintient dans une position verticale.

On recouvre cette ruche d'une autre vide, ayant le même diamètre que la première, et l'on entoure d'un linge la ligne de jonction des deux ruches pour empêcher les abeilles de sortir (elles ne feraient du reste aucun mal à l'opérateur).

7° A l'aide de deux bâtons de 50 centimètres de longueur, on frappe contre les parois de la ruche pleine pour faire monter les abeilles dans celle qui est vide. On commence à frapper doucement par le bas pendant deux ou trois minutes.

Si l'on commençait à frapper trop fort et par le haut, l'abeille-mère pourrait s'effrayer au point de se cacher dans un coin d'où elle refuserait ensuite de sortir, ce qui ferait manquer l'operation; car, si la mère refuse de monter dans la ruche vide, l'essaim, qui la suit en partie, s'y refuse également. Il faut donc commencer par de petits coups frappés sur le bas de la ruche. On s'arrête pendant une minute ou deux pour recommencer à taper un peu plus fort et un peu plus haut, pendant quatre ou cinq minutes cette fois; puis on fait une nouvelle pause d'une minute environ. On recommence toujours plus fort et un peu plus haut. Les coups ne doivent cependant pas être brusques au point de briser les rayons.

En résumé, on frappe contre la ruche dont on veut chasser les abeilles, à intervalles à peu près égaux, en commençant par le bas, et en remontant insensiblement vers le haut; mais en portant toujours les coups de bâton au-dessous de l'endroit où se trouvent les abeilles qui montent, ce qui se reconnaît très-bien au bruissement qu'elles font et qu'on entend en collant l'oreille contre la ruche.

Cette opération est plus ou moins longue, suivant que les abeilles sont plus ou moins disposées à monter. Elle dure ordinairement de quinze à vingt minutes. Le meilleur moment pour l'entreprendre est de 10 heures à midi, pendant que les vieilles abeilles des ruches sont aux champs.

Il est indispensable de choisir une belle et chaude journée.

8° Une fois que les abeilles sont montées dans la ruche supérieure, au sommet de laquelle elles s'accrochent pour former une grappe, on place doucement cette ruche à l'ombre et sur des cales, pour éviter que les abeilles ne s'étouffent (elles peuvent rester là fort longtemps sans qu'on ait besoin de s'en préoccuper).

9° On emporte, dans un endroit clos, si l'on en a un à portée, la ruche qui ne contient plus que des rayons; dans le cas contraire, on s'éloigne le plus possible du rucher, afin d'éviter que les abeilles pillardes des autres ruches ne viennent déranger l'opérateur.

10° On partage en deux morceaux, à l'aide d'une scie de jardinier, la ruche dont on vient de chasser les abeilles. (Il faut toujours avoir le soin de donner le coup de scie entre deux rayons pour ne pas les endommager.)

11° On détache un premier rayon à l'aide d'un couteau ordinaire dont on a préalablement trempé la lame dans de l'eau pour éviter autant que possible qu'elle ne s'englue avec le miel. On attache ce rayon à un cadre avant d'enlever les autres.

Plusieurs moyens sont indiqués pour attacher les rayons aux cadres. Les uns les attachent avec du fil de fer; d'autres avec de la ficelle dont se servent les pêcheurs pour faire leurs filets.

Ce dernier moyen, qui ne peut être employé qu'au printemps, parce que les abeilles construisent vite à cette époque, est certainement le plus commode en même temps que le plus expéditif; mais il arrive toujours à l'automne, et assez souvent au printemps, que les abeilles ont rongé la ficelle avant d'avoir eu le temps de solidement attacher les rayons aux cadres. Dans ce cas, les gâteaux de miel s'effondrent en provoquant dans la ruche les plus graves désordres. Voilà pourquoi nous sommes partisan de l'emploi du fil de fer à toutes les époques.

Plusieurs moyens sont également indiqués pour attacher le fil de fer autour des cadres et assujettir les rayons. Celui qui nous a paru le plus commode, en même temps que le plus solide, nous est indiqué par M. Dadant, à qui nous cédons la parole :

A mesure que les rayons sont sortis de la ruche, dit-il, on les attache dans les cadres, en ayant le soin de les placer dans le sens où ils se trouvaient dans la ruche.

Pour attacher les rayons dans les cadres, on a préparé à l'avance des fils de fer par bouts.

(Ici, M. Dadant donne la longueur de ces fils de fer, qui est proportionnée aux cadres dont il fait usage. Pour être en rapport avec la dimension des nôtres, ces fils de fer doivent avoir 385 millimètres.)

On courbe chaque bout sur une longueur d'un centimètre, pour avoir une sorte de crampon long de 0m,365. Après avoir préparé les trous, avec une alène droite, dans le dessus et le bas du cadre, on y enfonce les bouts du crampon. On met trois de ces fils de fer d'un côté du cadre. On pose ce dernier à plat sur une table, et on le remplit de rayons. On cloue de même trois autres fils de fer par-dessus les morceaux de rayons et on relève le cadre avec précaution pour le suspendre dans une ruche à cadres mobiles. Le fil de fer dont je me sers est de la grosseur d'une aiguille à tricoter des bas ordinaires.

Si les morceaux de rayons qu'on veut attacher sont petits, après avoir mis les premiers fils de fer, on met dans le cadre quelques bouts de paille bien ferme et bien peignée, qu'on espace comme il est nécessaire; on en met encore quelques-uns avant de clouer les fils de fer sur les bâtisses (*les rayons*).

M. Dadant, d'accord en cela avec tous les apiculteurs, recommande de n'utiliser que les rayons à cellules d'ouvrières, et de placer ensemble, sur le milieu de la ruche, tous ceux qui contiennent du couvain.

Cette opération terminée, on ajoute un cadre vide à chacun des bouts de la ruche, afin que les abeilles puissent facilement se grouper pendant les premiers moments et édifier ensuite deux nouveaux rayons.

12° On ferme un seul côté de la ruche, en ayant le soin de bien pousser la planche de partition (*cadre vitré*) contre les rayons. On porte cette ruche à côté de la place primitivement occupée par la ruche dégarnie, et on la met par terre. On étend ensuite un linge devant celle des deux portes de la ruche qui est demeurée ouverte. Cela fait, on va chercher la ruche qui contient les abeilles et d'un coup sec, fortement et hardiment frappé avec la ruche contre terre, on fait tomber les abeilles sur le linge étendu devant la porte de leur nouvelle demeure. De la main gauche on soulève le linge, pendant qu'avec la droite, qui est armée d'une grosse plume d'oie, on balaye les abeilles dans la ruche. Un peu de fumée projetée sur les abeilles aide puissamment à les pousser dans la ruche. Lorsque le gros de la colonie est entré, on ferme la porte, d'abord avec une planche de partition, ou vitrée, qu'on ne doit pas enfoncer de plus de 4 ou 5 centimètres dans la ruche, afin de ne pas écraser les abeilles qui n'ont pas encore eu le temps de s'éparpiller sur les rayons. On ferme ensuite définitivement la ruche avec la porte de bois et on la met à la place primitivement occupée par la ruche dégarnie, en mettant de côté, l'ouverture en l'air ; on transporte ensuite à 2 ou 3 mètres de là la ruche vide qu'on y avait provisoirement mise pour recevoir les vieilles abeilles à leur retour des champs.

Il n'y a pas à se préoccuper de ces vieilles abeilles, non plus du reste que de quelques jeunes qui sont demeurées accrochées au linge ou qui ont pu s'envoler. Le fort bruissement que font entendre les abeilles qui ont été balayées dans la ruche ne tarde pas à les rallier ; aussi toutes, après un certain désordre et quelques hésitations, finissent-elles par entrer dans la ruche.

Il arrive parfois qu'une grande partie de la colonie ressort de la ruche et fait la grappe devant le guichet. Il n'y a pas à s'en préoccuper; elles finissent à la longue par rentrer, au plus tard à l'entrée de la nuit, et par s'installer définitivement dans leur nouvelle demeure.

13° Lorsque tout sera rentré dans un calme relatif, ce qui a généralement lieu deux ou trois heures après l'opération, on s'arme de nouveau de l'enfumoir, on ouvre la dernière porte de la ruche qui a été fermée et l'on pousse doucement la planche de partition jusqu'à ce qu'elle vienne s'appliquer contre les cadres de la ruche. Il faut avoir le soin, pendant cette dernière opération, de projeter un peu de fumée, par le haut et le bas de la porte vitrée ou de partition, afin d'obliger les abeilles, qui font la grappe entre la planche de partition et le cadre, de se disperser et de gagner les rayons. Une fois que la planche de partition est en place, on referme la ruche; l'opération est terminée.

14° Si l'on a d'autres ruches à transvaser et qu'on n'ait pu manipuler les gâteaux de miel de la première dans un lieu clos, il faut avoir le soin, si la chose est possible, de vider la seconde ruche sur un point autre que le premier qu'on avait choisi, parce que l'odeur du miel répandue pendant la première opération ne tarde pas à attirer sur ce point des abeilles pillardes, qui sont toujours fort gênantes.

15° Quant aux débris de rayons de miel qui n'ont pu trouver place dans la ruche, on les exprime pour recueillir le miel, qu'on restitue le lendemain aux abeilles, en se conformant à cet égard aux instructions que nous donnerons ultérieurement pour donner de la nourriture aux abeilles qui en manquent.

16° Huit jours après l'opération du transvasement, on ouvre la ruche pour enlever, à l'aide de la pointe d'un couteau, les attaches de fil de fer qui retiennent les gâteaux dans les cadres. On doit laisser quelques jours de plus celles dont les rayons ne seraient pas suffisamment attachés.

VIII. — Manière de faire arrêter un essaim. — On peut encore garnir les ruches à cadres mobiles en cueillant des essaims naturels. Nous devons donc, tout d'abord, nous occuper de la manière de les faire poser. Bon nombre d'apiculteurs croient que le bruit qu'on fait en tapant sur un chaudron ou sur toute autre chose, fait poser les abeilles. C'est là un préjugé, fort enraciné, qui date de loin. On trouve, en effet, dans Pline, que le tintement de l'airain fait plaisir aux abeilles, et que c'est là un moyen de les contenir. « Elles se rallient, dit-il, à ce signal ; ce qui prouve qu'elles ont aussi le sens de l'ouïe. »

C'est là une très grave erreur : les abeilles qui émigrent sont parfaitement insensibles au tapage qu'on peut faire en les poursuivant. Le seul moyen de les arrêter est de les arroser avec de l'eau, qu'on projette autant que possible de haut en bas, à l'aide d'une forte seringue, de manière à faire retomber l'eau en pluie sur les abeilles. A défaut d'eau, on jette en l'air du sable ou de la terre émiettée, qui remplit le même office que l'eau;

L'essaim naturel, fatigué, soit par l'eau, soit par le sable, ne tarde pas à se poser avec la mère et à se former en grappe.

IX. — Cueillette d'un essaim a la branche. — Rien n'est plus facile que de cueillir un essaim qui s'est accroché à une branche d'arbre, surtout lorsque la branche n'est pas hors de portée.

1° On commence, tout d'abord, par asperger fortement la grappe d'abeilles avec de l'eau, soit à l'aide d'une seringue, soit à l'aide d'une pompe de jardinier. Cette aspersion a pour but d'empêcher les abeilles de reprendre leur course et de donner à l'apiculteur le temps de faire ses préparatifs pour le recevoir.

2° Les préparatifs sont des plus simples : on introduit dans une ruche vide deux cadres remplis de rayons et d'un peu de miel et trois cadres vides, qu'on intercale les uns avec les autres. Ainsi, par exemple, si nous représentons par (PP) les deux cadres garnis et par (VVV) les trois cadres vides, ils seront disposés comme suit dans la ruche (VPVPV). De cette façon, chaque cadre vide (V) sera resserré, soit entre deux cadres pleins, soit entre un cadre plein et une des planches de partition qu'on appliquera ultérieurement contre ces cadres. Cette intercalation a pour but d'obliger les abeilles à bâtir droit et, conséquemment, à garnir les cadres vides. On ferme ensuite l'une des deux ouvertures de la ruche, d'abord avec une planche de partition qu'on applique contre les cadres, et qu'on assujettit avec quatre pointes qu'on cloue, deux à droite et deux à gauche, contre les parois de la ruche; on ferme ensuite le même côté avec une des deux portes massives en bois.

3° La ruche ainsi préparée est renversée, l'ouverture demeurée ouverte en l'air. On asperge de nouveau fortement l'essaim en grappe et un aide soulève la ruche, toujours l'ouverture béante en l'air, et il la présente sous la grappe d'abeilles, de telle sorte qu'en l'élevant à la force des poignets, il finit par introduire une partie de la grappe dans la ruche.

A ce moment, du moins si la branche qui supporte l'essaim est assez flexible, l'apiculteur frappe un fort coup sur cette branche, de manière à en faire détacher les abeilles, qui tombent dans la ruche. Il y balaye en outre vivement, avec une plume d'oie, les portions de grappe qui ne se sont pas détachées. Si la branche est trop forte pour résister au coup sec dont il vient d'être parlé, on détache les abeilles en brossant la branche avec une plume d'oie.

4° On s'empresse de poser la ruche à terre, dans sa position naturelle, et de la fermer avec la planche de partition et la porte de bois. Il n'y a pas à se préoccuper des abeilles qui sont demeurées au dehors. On se contente seulement, si les abeilles qui voltigent essayent de se reformer en grappe sur la branche de l'arbre, de les en chasser avec de la fumée.

Le bruissement des abeilles qui sont dans la ruche ne tarde pas à les y faire toutes entrer. Cette opération réussit presque toujours. Elle n'échoue que si l'abeille-mère n'est pas tombée dans la ruche avec le gros des abeilles. Dans ce cas, l'essaim se reforme en grappe, à l'endroit où est la mère et l'opération est à recommencer.

5° Un grand nombre d'apiculteurs, lorsqu'ils ont recueilli un essaim dans les champs, loin du rucher, s'imaginent qu'il faut attendre la nuit pour l'emporter. C'est là une très grande faute que l'on commet. On doit fermer le guichet de la ruche, avec une toile métallique, sitôt que toutes les abeilles y sont entrées, et l'emporter aussitôt à la place qu'on lui destine. En ne prenant pas cette précaution, on s'expose à perdre des abeilles; car, à peine sont-elles installées dans la ruche, que les butineuses ne tardent pas à en sortir pour aller à la picorée. Or nous avons déjà expliqué les inconvénients qu'on rencontre, lorsqu'on veut déplacer les essaims.

il faut donc enlever la ruche et l'installer à la place définitive qu'on lui destine avant de donner aux abeilles le temps *d'apprendre le vol* à la place où on l'a recueilli. Voilà pourquoi, sans attendre la nuit, il faut l'enlever presque aussitôt, soit un quart d'heure ou vingt minutes après l'opération.

X. — Cueillette d'un essaim posé contre un tronc, contre un mur ou par terre. — Lorsqu'un essaim s'est posé contre un tronc d'arbre, contre un mur ou par terre, on fait un peu comme l'on peut, en essayant de tourner le plus possible les obstacles qu'on rencontre. Mais le principe est toujours le même; il peut se résumer ainsi : approcher autant que possible la gueule de la ruche du gros des abeilles; en balayer le plus qu'on peut dans la ruche et, après l'avoir fermée, attendre que le bruissement des prisonnières attire celles qui sont restées au dehors. (Il faut toujours brosser les abeilles de haut en bas, c'est-à-dire dans le sens des ailes, sous peine de les irriter.)

Lorsqu'un essaim se trouve placé un peu trop haut, dans les branches d'un arbre, il devient difficile de le recueillir directement dans la ruche, qui est toujours assez lourde et difficile à manier. Dans ce cas, on le recueille tout d'abord dans une caisse légère, qu'on ferme aussitôt avec un couvercle. Quand on est descendu de l'arbre, on ouvre le couvercle et l'on asperge brusquement avec de l'eau les abeilles, à l'aide d'un arrosoir de jardin. Cela fait, on étend un linge devant la porte ouverte de la ruche, et l'on procède comme il a été dit pour les transvasements.

XI. — Anesthésie des essaims naturels difficiles a recueillir. — Nous sommes, comme nous avons déjà eu occasion de le dire, un adversaire convaincu de l'asphyxie momentanée des abeilles, employée par certains apiculteurs fixistes pour les dompter. Toutefois, les essaims naturels vont se poser par temps dans des endroits si peu abordables, notamment dans des creux de rochers, qu'à moins de renoncer à les cueillir, on en est réduit à employer à leur égard le moyen barbare de l'anesthésie.

Le procédé est des plus simples. Il suffit, pour asphyxier momentanément les abeilles, de faire brûler un peu de sel de nitre dans l'enfumoir, et d'en projeter la fumée sur les abeilles. Voici le dosage recommandé par les apiculteurs fixistes, qui ont le tort de préconiser l'anesthésie d'une manière générale : « On jette de 4 à 5 grammes seulement de sel de nitre sur les charbons de l'enfumoir, si l'essaim se trouve dans un creux, c'est-à-dire à couvert; on met 10 grammes si, au contraire, l'essaim se trouve en plein air.

Une fois que les abeilles sont asphyxiées, on les ramasse avec une pelle ou un carton, et on les jette dans la ruche qu'on ne ferme que lorsque les abeilles ont repris leurs sens. Elles ont besoin pour cela de grand air; aussi achèverait-on de les étouffer si l'on fermait trop tôt la ruche.

Nous ne saurions trop le répéter, ce n'est que dans des cas très exceptionnels qu'on doit user de ce moyen barbare; en d'autres termes, lorsqu'on se trouve dans la nécessité ou d'employer l'anesthésie ou de renoncer à cueillir l'essaim naturel.

XII. — Manière d'amorcer les cadres. — Nous avons dit que, pour préparer une ruche destinée à recevoir un essaim naturel, trois cadres vides et deux cadres pleins étaient indispensables. Il arrive malheureusement souvent que les débutants surtout n'ont pas de cadres pleins à leur disposition. Dans ce cas, toujours fort regrettable, il faut évidemment s'en passer. On supplée aux cadres pleins qui ont pour principal but d'obliger les abeilles à bâtir droit, en amorçant les cadres vides. Les apiculteurs recommandent d'amorcer les cadres vides dans toutes les circonstances : tel n'est pas notre avis. C'est là une précaution parfaitement inutile lorsqu'on peut placer un cadre vide entre deux cadres pleins. Mais il n'en est pas de même lorsque les cadres pleins, qui servent de jalons, font absolument défaut. Dans ce cas, mais dans ce cas seulement, nous amorçons les cadres.

On amorce les cadres vides de deux manières : Le premier mode consiste à souder, contre la baguette supérieure du cadre, des morceaux de brêche (*rayons secs*). Ce procédé est d'abord fort dispendieux et ensuite fort inutile; aussi n'en faisons-nous jamais usage. Nous recommandons donc exclusivement le second. Voici en quoi il consiste :

On fabrique un mastic composé par moitié de cire et de colophane qu'on tient sur un feu doux pour le maintenir en fusion.

On fait fabriquer deux règles très minces en fer poli, un peu plus courtes que l'intérieur du cadre et un peu plus étroites que la moitié de la largeur de la baguette à rayons (*traverse supérieure du cadre*). On trempe ces deux règles dans l'eau pour empêcher l'adhérence du mastic dont il a été parlé plus haut. On les applique à plat sur le côté intérieur de la baguette à rayons, en ayant soin que chacune des deux règles affleure avec l'un des bords de la baguette ou montant supérieur du cadre. De cette manière, il reste sur le milieu du montant supérieur du cadre une ligne de bois qui se trouve à découvert. On enduit cette partie avec le mastic fondu qu'on applique avec la pointe d'un petit morceau de bois blanc taillé en biseau.

Lorsque le mastic est refroidi, on passe à plat une lame de couteau sur les deux règles pour enlever le mastic qui a pu y adhérer, malgré la précaution prise de mouiller les règles, et l'on enlève ces dernières.

Les abeilles bâtissent tout aussi bien et tout aussi droit sur la bande de mastic collée sur le montant du cadre que si l'on y avait soudé des morceaux de rayons.

CONDUITE DU RUCHER

I. — Désignation généalogique des mères. — Toutes les opérations qui ont été décrites dans le chapitre relatif à l'installation du rucher, de même du reste que toutes celles qui se rapportent aux manipulations apicoles en général, sont simples, faciles et à la portée de tout le monde. Ce n'est rien, en effet, que de tripoter des abeilles; le difficile est de bien les conduire. Il suffit de quelques heures pour former un bon aide ou un manœuvre passable. Il faut une étude longue et sérieuse, aidée d'une certaine intelligence, pour être apte à bien diriger un rucher, surtout lorsqu'il s'agit d'une exploitation apicole ayant une certaine importance.

Ajoutons qu'indépendamment des aptitudes, même les plus heureuses, des notes clairement tenues sont tout aussi indispensables à un apiculteur pour diriger son exploitation, que la comptabilité commerciale est nécessaire au commerçant et à l'industriel. Les uns et les autres, sans registres régulièrement tenus, dirigeront leurs entreprises en aveugles et ne trouveront le plus souvent que des pertes et des déboires là où l'ordre et la régularité eussent donné de beaux bénéfices. A notre point de vue, le succès de tout rucher important demeure subordonné à la manière plus ou moins claire, plus ou moins précise et régulière dont les apiculteurs tiendront note de leurs opérations et de leurs observations. C'est mû par cette conviction qu'il nous a paru utile d'indiquer, tout d'abord, la manière d'enregistrer les faits qui se rapportent à la conduite du rucher.

Un grand nombre d'apiculteurs, nous pourrions même dire presque tous, ont la mauvaise habitude de donner simplement un numéro d'ordre à chaque ruche, numéro qui leur sert en même temps pour désigner l'essaim qu'elle renferme. Il suit de là une grande confusion dans les écritures, notamment lorsqu'on déplace les ruches, qu'on fait des essaims ou des transvasements. On peut bien, par ce procédé, suivre les résultats ultérieurs de l'opération ; mais, en opérant ainsi, on perd souvent de vue les faits antérieurs qui se rapportent à l'essaim déplacé.

Supposons que nous ayons ouvert un chapitre spécial à une ruche habitée, portant un numéro d'ordre quelconque. Qu'arrivera-t-il le jour où, par exemple, à la suite de la formation d'un essaim artificiel, nous aurons transporté l'abeille-mère, qui y était logée, dans une autre ruche? De deux choses l'une, ou nous bifferons ce chapitre pour en recommencer un nouveau, sous un autre numéro d'ordre, ce qui nous obligera de recopier le premier en tête du second, sur une autre page de notre carnet ; ou nous porterons à l'actif de la future reine, encore à naître, le bilan de la mère qui lui a cédé sa place dans la souche.

D'un côté, nous nous heurtons à une complication d'écritures; tandis que, de l'autre, nous tombons dans une confusion qui nous empêchera de suivre pas à pas les différentes phases traversées durant leur vie par les abeilles-mères, dont la conduite seule nous intéresse; car, ne l'oublions jamais, *la mère, c'est l'essaim;* aussi n'est-il pas vrai de dire que telle ruche, qui a fourni aujourd'hui un essaim avec la vieille mère, possède encore le même essaim que la veille, comme pourraient le supposer à tort ceux qui, étrangers à l'apiculture, examineraient les notes de bon nombre d'apiculteurs.

Cette méthode, selon nous, est pour le moins aussi vicieuse en apiculture qu'elle le serait pour les éleveurs de la race chevaline, si ces derniers, au lieu d'enregistrer les actes d'une jument poulinière, se bornaient à ouvrir, sur leur livre-journal, un compte à la loge de l'écurie dans laquelle l'animal a pris naissance ; cette manière d'agir conduirait à continuer de placer à l'actif de cette jument tout ce qui pourrait se rapporter à ceux de ses congénères qui viendraient ultérieurement occuper sa place au râtelier primitif.

Il nous a paru plus rationnel, plus clair et plus simple, pour éviter la confusion, au lieu d'enregistrer ce qui se passe dans une ruche, ou d'ouvrir un chapitre à un essaim qui se renouvelle d'heure en heure, de ne nous préoccuper que des abeilles-mères, afin de pouvoir les suivre, pas à pas, depuis leur naissance jusqu'au jour de leur disparition du rucher.

Voilà pourquoi nous devons donner à chaque mère une désignation qui nous permette de la distinguer de toutes les autres; de telle sorte que, sans les confondre entre elles, nous puissions faire, même dans vingt ans, du moins si nous sommes encore de ce monde, l'historique fidèle de chacune des abeilles-mères qui aura garni notre rucher.

A cet effet, nous inscrirons, en tête d'une des pages de notre carnet apicole, la désignation affectée à telle mère, en enregistrant au-dessus, date par date, les principaux faits qui se rapportent à cette mère et à son essaim, notamment le nombre d'essaims qu'elle aura fourni, la récolte en miel, les qualités et les défauts de l'essaim, les numéros des ruches qu'elle a pu successivement occuper.

On conçoit aisément qu'à moins de s'exposer à épuiser tous les noms des saints du calendrier on ne peut pas donner de nom propre à une abeille-mère. Voici comment nous avons tourné la difficulté et obtenu, en même temps, ce qui est fort important comme on le verra plus tard, le moyen de relever d'un coup d'œil la généalogie des mères.

Dès qu'une abeille-mère fécondée entre dans notre rucher, nous la désignons sur notre carnet apicole par une lettre alphabétique. Ajoutons que la lettre qui a servi à désigner une mère ne doit jamais plus être attribuée à aucune autre.

Lorsque les vingt-quatre lettres de l'alphabet seront épuisées, nous les recommencerons en les faisant suivre de la première de l'alphabet; de la seconde lettre pour une nouvelle série, et ainsi de suite. Nous aurons donc pour la première série les lettres de l'alphabet; pour la deuxième série, (AA) (AB) (AC), etc.; pour la troisième, (BA) (BB) (BC), etc.

Si une de ces mères a une fille, nous désignerons cette dernière par une simple lettre de l'alphabet, en faisant suivre cette lettre de la désignation propre à la mère qui l'a engendrée, qui sera elle-même suivie de celle de ses ancêtres, en ayant toutefois la précaution de séparer chacune des désignations par un trait, en même temps que nous réunirons par une accolade les lettres généalogiques qui désignent un même individu.

Exemples : — (A-CB) voudra dire que la mère A est fille de CB. D'autre part (A-A-CB) signifiera que A est fille de (A-CB) et petite-fille de CB. De même (C-A-A-CB) voudra dire que C est fille de (A-A-CB), petite-fille de (A-CB), arrière petite-fille de CB.

Comme on le voit, l'alphabet fournit une mine inépuisable de désignations, en même temps que l'ordination des lettres permet de relever d'un coup d'œil la généalogie des mères. Or on comprendra l'importance des questions généalogiques, en apiculture, si l'on songe que, les qualités et les défauts étant héréditaires chez les abeilles, il y a lieu de ne jamais élever que de jeunes mères filles de reines qui ont fait leurs preuves en remontant à plusieurs générations sans jamais avoir faibli.

Disons enfin que cette combinaison de lettres permet d'établir facilement, à la fin du carnet apicole, un répertoire, formé avec les vingt-quatre lettres, dans lequel on peut inscrire, par ordre alphabétique, la désignation de chaque mère, en mettant en regard la page du carnet où se trouve le chapitre qui lui est affecté.

Ainsi donc, à la page A du répertoire, nous inscrirons, dans 'ordre suivant, les désignations généalogiques qui précèdent :

A.

(AA).	Page »
(AB).	— »
(AC).	— »
(A-CB)	— »
(A-A-CB)	— »

t ainsi de suite pour les autres feuillets du répertoire affectés aux utres lettres.

A moins de surcharger le carnet apicole et de se créer ainsi un 'avail considérable, il est difficile d'inscrire sur ce registre tous les its insignifiants, ainsi que toutes les manipulations qui se rap-ortent aux essaims; il est cependant indispensable, du moins un ertain temps, d'en conserver le souvenir en vue de manipulations ltérieures dont l'exécution est subordonnée à la nature et à la date es précédentes. Voilà pourquoi il est indispensable de munir chaue ruche d'une ardoise, qu'on accroche, pour la mettre à l'abri des intempéries qui feraient disparaître les annotations, contre la paroi intérieure de l'une des deux portières de la ruche.

Si l'on ne veut pas faire la dépense d'une ardoise, on peut lui substituer une feuille de papier blanc, qu'on colle contre la porte et qu'on remplace lorsqu'elle est noircie par les écritures.

En tête de l'ardoise ou de la feuille de papier doit toujours être inscrite la désignation généalogique de l'abeille-mère qui occupe la ruche.

II. — Tableau apicole. — La généralité des apiculteurs ont l'habitude de donner un numéro d'ordre aux ruches; c'est là un tort, en ce sens qu'on établit la confusion dans le rucher lorsqu'on change les ruches de place. Nous aimons infiniment mieux donner un numéro d'ordre à chaque place occupée par une ruche. Cette manière de faire offre l'avantage de pouvoir dresser un plan du rucher et, conséquemment, de diriger de son cabinet de travail certaines opérations, qu'on fait exécuter par des manœuvres, qui n'ont, à cet égard, qu'à se conformer aux instructions qu'on leur donne.

Nous affectons donc à chaque place occupée par une ruche une planchette portant le numéro d'ordre de cette place. Lorsque cette dernière est occupée par une ruche, nous accrochons ce numéro à la ruche elle-même pour bien le mettre en vue. Si la ruche est enlevée, le numéro reste à la place laissée vide, pour être de nouveau accroché contre la prochaine ruche qui viendra l'occuper mais le numéro ne suit jamais la ruche.

Le tableau apicole que nous allons décrire constitue, jusqu'à un certain point, un véritable plan du rucher. Il permet de suivre les différents déplacements et permutations qu'on fait subir aux essaims. Ce tableau permet d'avoir à tout instant sous les yeux la classification des mères dans le rucher, sans jamais les confondre entre elles. On peut ainsi jeter un coup d'œil rétrospectif sur tous les changements qui ont pu se produire, en tenant compte des dates exactes des déplacements ; ce qui est souvent d'une importance capitale pour la bonne conduite d'un rucher, ainsi que pour faire avec discernement des essaims artificiels.

Cela dit, pour faire ressortir les avantages qu'on retire d'un tableau apicole qui donne le mouvement et la situation des mères, il suffira à nos lecteurs de jeter un coup d'œil sur le modèle que nous donnons pour en comprendre le mécanisme.

TABLEAU APICOLE.

CLASSIFICATION DES MÈRES DANS LE RUCHER ET DATES DE L'OCCUPATION DES PLACES.

PLACE N° 1	PLACE N° 2.	PLACE N° 3.	PLACE N° 4.	PLACE N° 5.	PLACE N° 6
A 25 juin 1879	B 25 juin 1879	G 27 juin 1879	C 11 juillet 1879	D 7 juillet 1879	E 6 juin 1879
D 23 août 1879		H 26 août 1879	Place vide depuis le 12 août 1879	A 23 août 1879	

Si nous examinons les deux colonnes qui figurent, dans le tableau, les places nos 1 et 5, nous voyons d'un coup d'œil : 1° que la mère A a été mise à la place n° 1, le 25 juin 1879, et la mère D à la place n° 5, le 7 juillet 1879; 2° que, le 23 août 1879, ces deux mères ont été permutées ; car il est sous-entendu que deux ruches, ou deux mères, ne pouvant simultanément occuper la même place, c'est la dernière mère inscrite dans une colonne qui est celle qui occupe en dernier lieu cette place, et que celle ou celles qui se trouvent au-dessus ont été enlevées pour être transportées ailleurs. C'est ainsi encore qu'à la simple inspection du tableau, nous verrons que la place n° 4 a été occupée, le 11 juillet 1879, par la mère C; mais que cette mère en a été enlevée, sans être remplacée, le 12 août 1879, ce qui a laissé une place vide.

Quant à l'explication de cette disparition de la mère C, dont on ne retrouve plus trace dans le tableau, c'est évidemment dans le carnet apicole qu'il faut l'aller chercher. En résumé, le tableau se borne à donner la situation exacte du rucher, pris dans son ensemble. Il permet, encore une fois, sans même se transporter le plus souvent sur les lieux, de combiner d'avance les différentes permutations que nous voulons faire effectuer aux abeilles-mères, notamment à l'époque des essaims artificiels ou des réunions, et de donner, le cas échéant, des instructions claires et précises à un aide pour qu'il puisse faire, même en notre absence, les opérations jugées nécessaires.

III. — Inspection générale du rucher. — L'installation du rucher étant complète, chaque mère ayant sa désignation généalogique, la place qu'elle occupe marquée sur le tableau, un chapitre ouvert et régulièrement tenu pour les principaux faits sur le carnet apicole et pour les faits secondaires sur l'ardoise qui est affectée à sa ruche, il ne reste plus qu'à surveiller les essaims.

Bon nombre d'apiculteurs, surtout les débutants, croient que la meilleure surveillance à exercer consiste à visiter souvent l'intérieur des ruches. Tel n'est pas notre avis. Nous pensons, au contraire, qu'il faut déranger les abeilles le moins souvent possible. et ne visiter l'intérieur des ruches que lorsqu'il y a une absolue nécessité de le faire. Les abeilles ne s'en trouvent que mieux, et l'apiculteur, au lieu d'être absorbé par les manipulations réitérées de quelques ruches qu'il fatigue en pure perte, peut employer plus fructueusement son temps à diriger une vaste exploitation.

Un apiculteur qui, suivant en cela les errements de bien des gens de notre connaissance, voudrait visiter ses ruches tous les quinze jours, par exemple, serait débordé à certaines époques par les soins à donner à une centaine d'essaims, tandis que le même apiculteur, mieux avisé et aidé de quelques manœuvres, peut facilement diriger une exploitation considérable, composée de milliers de ruches.

Pas n'est besoin, en effet, dans la généralité des cas, de visiter l'intérieur d'une ruche pour savoir si elle a besoin de soins. L'inspection du guichet et des derniers cadres suffit le plus souvent pour indiquer s'il y a ou non lieu à visiter à fond la ruche. On évite ainsi bien des fausses manœuvres, tout en gagnant un temps précieux; car, pendant qu'on visite à fond, sans la moindre utilité, une ruche, on aurait inspecté cinquante guichets.

Cette dernière inspection est des plus importantes; aussi, comme elle est très rapide et qu'elle ne nécessite aucune peine, doit-on la renouveler souvent. Nous ne saurions trop appeler l'attention de nos lecteurs sur l'importance de ce chapitre, dont les indications bien comprises permettent seules, à un apiculteur, de diriger une vaste exploitation apicole.

1° La première chose à faire, quand on approche du guichet d'une ruche, est de consulter son carnet apicole et l'ardoise; on observe ensuite attentivement le vol des abeilles. Si elles rentrent et sortent avec précipitation ; en d'autres termes, si elles sont actives, tout marche bien, surtout si les abeilles qui entrent ou qui sortent pendant la belle saison se succèdent sans interruption et en grand nombre sur le guichet ; inutile, dans ce cas, de toucher à la ruche; il vaut mieux passer à une autre, surtout si le carnet et l'ardoise indiquent qu'à la dernière visite intérieure les choses étaient en parfait état.

2° Si le guichet est obstrué en plein jour par des abeilles qui font la ventilation, pendant que d'autres font la grappe sous la planchette de vol, il y a lieu de croire que ces abeilles sont trop à l'étroit ou trop exposées à la chaleur. Pour s'en assurer et y porter remède, il y a lieu d'inspecter les derniers cadres de la ruche. Cette inspection, comme nous le verrons plus tard, nous indiquera ce qu'il y aura à faire.

3° Si les abeilles se battent sur le guichet contre les pillardes, et que notre carnet nous indique que cette ruche était faible à la dernière visite, il faut rétrécir immédiatement le trou de vol avec une planchette et noter cette ruche comme devant être visitée. On s'assurera par là si elle ne doit pas être fortifiée, soit par l'addition de cadres à couvain garnis d'abeilles, soit en la permutant avec une autre plus forte, soit en la réunissant à une autre.

4° Si les abeilles sont rares et peu actives, alors que celles des autres ruches montrent une grande ardeur au travail, il faut visiter la ruche. De deux choses l'une, ou cette ruche a besoin d'être fortifiée, ou elle est malade.

5° Si les abeilles charrient du pollen, elles ont du couvain et, par suite, une mère. Si, au contraire, elles sont peu actives, alors que les autres travaillent, et qu'elles ne portent pas de pollen quand les autres en ont leurs pattes chargées, c'est que cette ruche est orpheline et qu'elle a, par suite, besoin d'être secourue.

6° Si tous les guichets sont déserts, ce qui a surtout lieu pendant les journées froides, on s'approche du guichet pour sentir l'intérieur de la ruche et s'assurer, par l'odeur qui s'en dégage, qu'elle n'a pas la loque;

7° Lorsqu'on s'est assuré qu'il n'y a pas de mauvaise odeur, on souffle brusquement, par le guichet, dans l'intérieur de la ruche, et l'on écoute aussitôt en approchant son oreille pour entendre la réponse des abeilles. Si l'on veut faire accentuer cette réponse, on lance un peu de fumée de tabac par le guichet.

Les abeilles font entendre aussitôt un bruissement assez analogue au bruit affaibli d'un fer chaud qu'on trempe dans l'eau, ou, si l'on aime mieux, au bruit qui se produit dans une poêle remplie d'huile ou de graisse bouillante lorsqu'on y jette les ingrédients destinés à faire une friture.

Plus le son est fort, plus la famille est nombreuse. S'il dure au moins cinq secondes, et qu'il soit immédiatement suivi d'un silence, il indique que cette ruche a une mère et que le miel est en quantité suffisante.

Si le son est faible et triste (*dzi-dzi*), *piano* et *morendo*, c'est un signe que le miel commence à diminuer dans la ruche, ou que la colonie est déjà bien faible. Si ce son est déjà très affaibli, dit le pasteur Johann Stahala, qui a écrit un traité sur le langage des abeilles, la colonie mourra bientôt de faim.

Si les abeilles font entendre un son fort long (*hououououou*), prolongé quelques minutes sur un ton élevé, *sforzato*, puis un silence de mort, c'est un signe certain que la ruche est orpheline, surtout si quelque abeille isolée fait entendre seule, après le chœur d'ensemble, un son plaintif.

Lorsque, à la belle saison, les indications du guichet ne sont pas suffisantes, on ouvre les portes pour être bien fixé sur ce qui se passe à l'intérieur de la ruche, et l'on examine, à travers les vitres, les deux derniers cadres.

1° Si les derniers cadres sont surchargés d'abeilles sans qu'il y ait une seule place vide, il faut enlever la planche de partition et ajouter deux cadres de plus, un par bout, pour donner de la place aux mouches.

2° Si les derniers cadres sont abandonnés par les abeilles, on tape contre la vitre avec le doigt pour provoquer un bruissement. Si le bruissement est fort et que des abeilles, répondant à l'appel, viennent aussitôt couvrir le cadre et la vitre de la planche de partition, c'est que tout marche bien. Dans ce cas, il n'y a qu'à refermer la ruche.

3° Si le bruissement est sourd et qu'il semble partir du milieu de la ruche, si surtout les abeilles n'accourent pas à l'appel du coup de doigt sur le dernier cadre et sur la vitre, c'est un signe que les abeilles ont ou trop de place, ou qu'elles sont malades. Dans le premier cas, on retire un ou plusieurs cadres, à moins qu'on n'aime mieux fortifier l'essaim ; dans le second, qu'on observe vite en retirant les derniers cadres, on visite la ruche à fond et on la met en traitement comme il a été dit au chapitre que nous avons consacré aux maladies des abeilles.

De loin en loin, une fois par mois au plus, on enlève la petite planchette qui ferme le bas de la porte vitrée, pour voir dans quel état de propreté se trouve le parquet de la ruche. Si le parquet est sale, on s'empresse de le nettoyer à l'aide de la raclette dont le dessin figure au chapitre des ustensiles apicoles. Si la ruche est faible et qu'au milieu des saletés qui couvrent le parquet on trouve de la fausse-teigne, il faut visiter la ruche à fond pour l'en débarrasser.

IV. — Visite intérieure des ruches. — En dehors des cas indiqués par l'inspection du guichet et des derniers cadres, la visite intérieure des ruches est de rigueur, savoir : 1° à la sortie de l'hiver ; 2° lorsqu'on fait des essaims artificiels, des adoptions, ou qu'on renouvelle les mères ; 3° aux époques de la récolte et de l'hivernage.

Rien n'est plus aisé que de visiter à fond une ruche à cadres mobiles, surtout pour ceux qui ont déjà fait un premier apprentissage en transvasant des abeilles pour installer le rucher.

1° On met les abeilles en bruissement en projetant d'abord un peu de fumée dans la ruche par le haut et le bas du cadre de partition, afin de dégager le dernier cadre des abeilles qui l'obstruent. On enlève ensuite le cadre vitré et, s'il y a assez de place entre le dernier cadre et la porte, on enferme l'enfumoir dans la ruche pendant une minute. On retire l'enfumoir et l'on attend une ou deux minutes pour donner le temps aux abeilles de se gorger de miel. Pour aller plus vite et plus sûrement en besogne, les débutants feront bien de projeter dans la ruche, à l'aide d'un pulvérisateur, de l'eau miellée aromatisée avec de la menthe.

Quoi qu'il en soit, on ne doit pas toucher aux cadres avant que le bruissement ne soit complet et continu, même lorsqu'on a cessé d'enfumer. Il ne faut jamais perdre de vue qu'on doit toujours maintenir les abeilles en bruissement en enfumant peu et souvent.

2° On saisit le dernier cadre avec les pinces, en l'amorçant solidement par l'extrémité de droite du montant supérieur. Si l'on trouve la moindre résistance, on dégage, à l'aide d'un couteau à lame pliante, les montants que les abeilles ont pu souder contre les parois de la ruche; on accroche ensuite par le bas le montant de droite pour le détacher des parois. On reprend ensuite le cadre par le haut, à droite, et on tire lentement à soi ce côté, en pliant l'avant-bras contre la poitrine et en faisant avec le corps un mouvement de droite à gauche. On sort ainsi le cadre de la ruche, le côté droit du cadre en avant et celui de gauche un peu en arrière, de manière à ne pas le laisser heurter contre les parois. Si l'on n'a pas le poignet assez solide, la main gauche vient aider la droite, qui tient les pinces, en soulevant un peu le cadre par-dessous. Avant de placer ce cadre sur le chevalet porte-rayons, on l'examine attentivement sur ses deux côtés pour vérifier cinq choses, savoir :

1° S'il y a du miel;

2° S'il y a du pollen ;

3° S'il a des œufs et du couvain;

4° Si la mère se trouve ou non sur ce cadre;

5° Si le cadre est bien sain.

Après cet examen, on place le cadre sur le chevalet porte-rayons, et on jette un coup d'œil sur l'autre cadre qui est dans la ruche, en même temps qu'on écoute le bruissement des abeilles.

Si les abeilles courent sur le rayon, si elles volent en zigzag, si le bruissement a cessé, ou si une abeille fait entendre un bruit sec, il faut enfumer un peu; mais, si aucun de ces signes d'irritation ne se manifeste, on doit, sans enfumer de nouveau, retirer ce second cadre et, après l'avoir examiné comme il a été dit, le placer à côté de l'autre sur le chevalet. On procède de la même façon jusqu'au dernier.

Toutefois, lorsqu'on a des cadres sur le chevalet, il ne faut pas se contenter de surveiller les abeilles qui sont dans la ruche; il ne faut pas perdre de vue, non plus, celles qui se trouvent sur les cadres du chevelet. Quant à ces dernières, il faut les empêcher de se masser sur les cadres. On les oblige de s'enfoncer dans les ruelles que forment entre eux les cadres, en soufflant de temps en temps un peu de fumée sur ces derniers.

Lorsqu'on s'est ainsi bien rendu compte de l'état de la ruche, on replace les cadres dans le même ordre, avec cette différence toutefois que, pour les introduire, c'est le côté gauche qui doit pénétrer le premier dans la ruche et le côté droit le dernier, toujours pour éviter de heurter les parois de la ruche, que l'on referme lorsque tous les cadres sont replacés.

Nous ferons observer qu'avant de replacer les cadres dans la ruche, on doit toujours profiter de cette occasion pour la nettoyer. A cet effet, on racle d'abord le parquet avec la raclette, en ayant soin de faire tomber les saletés dans l'enfumoir. On se débarrasse ainsi de la fausse-teigne qui peut s'y trouver et on produit une fumée douce et odorante, excellente pour mettre les abeilles en bruissement.

Lorsque le parquet est propre, on nettoie également, à l'aide d'un crochet, les rainures qui supportent les cadres, ainsi que les parois de la ruche contre lesquelles les abeilles ont pu bâtir.

Enfin, si les abeilles ont bâti contre les côtés extérieurs des montants des cadres, on profite également de la circonstance pour les nettoyer à l'aide du couteau à lame pliante.

V. — Agrandissement de la chambre a couvain et du grenier a miel. — C'est surtout au commencement du printemps, c'est-à-dire au moment de la grande ponte de la mère, qu'il est nécessaire de surveiller attentivement l'intérieur des ruches. Les plus grands travaux apicoles ont lieu à cette époque, soit que l'on veuille faire des essaims artificiels, soit qu'on se borne à préparer ses ruches en vue de la récolte. Le succès de cette dernière dépend du plus ou moins d'intelligence avec laquelle ces travaux sont dirigés. Un des plus important est celui qui consiste à agrandir la chambre à couvain et le grenier à miel par des additions successives de cadres à brèche.

Dès le commencement d'avril, l'abeille mère a déjà commencé sa *grande ponte*, qui pourra bientôt atteindre l'énorme chiffre de trois mille œufs par jour.

Plus nous favoriserons la ponte de la reine, et plus les butineuses seront en nombre au moment de la récolte. N'oublions pas que si nous arrivons à ce moment avec de faibles colonies, nous courons risque, si l'année est mauvaise, de laisser rouiller notre extracteur à l'automne. Nous pourrons dire dans ce cas : « Adieu paniers, vendanges sont faites! » car il en aura été de nos abeilles comme des carabiniers de la chanson, qui arrivent toujours trop tard.

C'est donc à nous de favoriser cette ponte qui, seule, peut nous permettre de faire, non seulement une bonne récolte, mais encore des essaims artificiels hâtifs pouvant se suffire à eux-mêmes à l'époque de l'hivernage. Pour atteindre ce double but, ayez toujours présent à l'esprit ce précepte apicole. « Pendant les mois d'avril et de mai, la reine doit toujours avoir de la place, au milieu de la ruche, pour déposer ses œufs, et les abeilles aux extrémités pour emmagasiner le miel et le pollen. »

A cet effet, l'apiculteur doit avoir le soin d'augmenter les cadres de la ruche au fur et à mesure des besoins des abeilles.

Si les cadres sont pleins de couvain et de miel, il faut en ajouter d'autres aussitôt en les intercalant avec les premiers.

Exemple : Supposons que la ruche renferme cinq cadres pleins, dont deux (MM) remplis de miel et trois (CCC) remplis de couvain. Ces cinq cadres se trouveront disposés dans l'ordre suivant, puisque la reine commence toujours sa ponte sur le milieu de la ruche :

MCCCM

Dans ce cas, nous ajouterons quatre cadres, vides de miel, mais garnis de brèche (BBBB), que nous intercalerons comme suit

BMBCCCBMB

Il ne faut jamais perdre de vue que le couvain doit toujours demeurer réuni pour que les abeilles ne soient pas obligées de s'éparpiller sur plusieurs points de la ruche pour le réchauffer.

Si tous les cadres sont pleins de couvain, ce qui arrive presque toujours, à un moment donné, pour les fortes ruches, on n'ajoute de cadres à brèche qu'aux deux extrémités, jamais au milieu (BBCCCBB).

Par cadres remplis de brèche, nous n'entendons parler que de cadres ne contenant que des rayons d'ouvrières, les seuls qu'on doive utiliser pour restreindre, dans une certaine mesure, la production des mâles. A défaut de grandes cellules, la mère, il est vrai, dépose les œufs non fécondés, qui produisent des mâles, dans des cellules d'ouvrières; mais les abeilles sont assez portées à les enlever de ces cellules; ce n'est que lorsqu'elles n'en ont pas de grandes à leur disposition et qu'elles sentent le besoin d'essaimer qu'elles se décident, en désespoir de cause, à élever des mâles dans des cellules d'ouvrières.

Cette particularité fait comprendre pourquoi on doit, du moins autant que faire se peut, pendant la grande ponte du commencement du printemps, garnir les ruches avec des cadres à rayons d'ouvrières, et non avec des cadres vides, que les abeilles garniraient infailliblement avec des cellules de mâles. On doit éviter, autant que possible, de faire construire des rayons par des colonies qui sont susceptibles de donner des essaims, parce que, dans ce cas, les abeilles sont toujours portées à bâtir des cellules de mâles; tandis qu'un jeune essaim, qui n'est préoccupé que du soin d'augmenter sa population et de faire la récolte, bâtit toujours des cellules d'ouvrières. C'est donc à ceux-là que nous réserverons les cadres vides à construire. Quant aux autres colonies, si nous voulons leur faire produire leur maximum de miel, ne leur marchandons jamais les cadres à brèche dont elles peuvent avoir besoin.

Règle générale : Toute colonie d'abeilles qui a assez de place sur le milieu de la ruche pour recevoir les œufs de la mère, et aux extrémités pour recevoir le miel et le pollen qu'apportent les butineuses n'essaime jamais; car les abeilles n'essaiment que lorsque la place fait défaut. Dans nos contrées, une ruche qui possède seize cadres de la dimension indiquée ne fournit que très rarement des essaims dans des années exceptionnellement mellifères, et toujours par la faute de l'apiculteur qui a négligé, lorsque la ruche était pleine, de remplacer quelques cadres de miel par des cadres vides.

VI. — Réunions. — Un des meilleurs moyens de fortifier les essaims faibles est de les réunir entre eux. Ce procédé est excellent en toute saison ; mais il est de rigueur à l'automne, pendant l'hiver et au sortir de l'hiver ; en d'autres termes, pendant la saison morte. A cette époque, en effet, l'essaim ne peut se fortifier lui-même, quand même il serait aidé, par la raison bien simple que la mère ne pond que faiblement et que les abeilles ne trouvent pas à butiner. Si l'on n'a pas perdu de vue que les petits essaims n'ont aucune valeur, il ne faut jamais hésiter, surtout pendant la saison morte, à les sacrifier en les réunissant à d'autres.

On doit, en outre, et quelle que soit la saison, réunir les essaims orphelins à des ruchées qui possèdent une mère. La réunion est, en effet, le seul remède efficace dans ce cas ; car, outre qu'un pareil essaim est presque toujours faible, il est à peu près impossible de lui faire adopter une mère étrangère, parce qu'il ne se trouve dans la ruche que de vieilles abeilles. Il faudrait donc, si l'on ne voulait pas le réunir, lui donner, de huitaine en huitaine, un cadre à couvain pour le réorganiser et le préparer à adopter une mère ou à en élever une lui-même lorsqu'il aura un nombre suffisant de jeunes abeilles pour le faire. Comme un pareil essaim ne vaut jamais la peine qu'on se donne autant de mal, le meilleur moyen est, encore une fois, de le réunir à un autre.

Nous en dirons autant des ruches bourdonneuses, qui ne produisent que des mâles. Celles-là surtout doivent toujours être réunies à d'autres, parce que, quoi qu'on fasse, on ne parvient jamais, ni à leur faire adopter une mère, ni à leur en faire élever.

Voici, maintenant, comment se font les réunions :

1° Si pendant la visite d'une ruche on n'a trouvé, ni la mère, ni des œufs, ni du couvain, alors pourtant qu'il en existe dans les autres ruches ; si cette ruche conserve des mâles en arrière-saison et pendant l'hiver, c'est que l'essaim n'a plus de mère. Dans ce cas, encore une fois, il faut le réunir à l'essaim le plus proche. Si l'on veut le réunir à un plus éloigné, on doit préalablement préparer la réunion en rapprochant insensiblement les deux ruches à réunir de 50 centimètres environ par jour. Ce n'est que lorsque les deux ruches se touchent et qu'elles ont toutes deux leur trou de vol dans la même direction qu'on peut les réunir.

La réunion doit toujours se faire à la tombée du jour pour éviter, autant que faire se peut, un combat entre les abeilles. Les abeilles se battent peu pendant la nuit, et le lendemain, après une cohabitation de quelques heures, elles sont à peu près d'accord. Voilà pourquoi il faut faire les réunions le soir. Quelques apiculteurs ne se contentent pas de faire la réunion aux approches de la nuit; par surcroît de précaution, pour éviter les combats d'abeilles, ils descendent la ruche à la cave, où ils la laissent à l'obscur pendant vingt-quatre heures et même quarante-huit heures. Leur but est de donner le temps aux abeilles de contracter la même ardeur avant de revoir la lumière. (On n'a pas oublié que les abeilles se reconnaissent entre elles à l'odeur.) Pour obtenir plus vite cette uniformité d'odeur et éviter ainsi les combats, certains apiculteurs aspergent les abeilles avec de l'eau miellée aromatisée avec de la menthe. Ce sont là évidemment de bonnes précautions à prendre; mais nous devons déclarer que nous ne les mettons jamais en pratique; ce qui ne nous empêche pas de toujours réussir nos réunions.

Quoi qu'il en soit, lorsque les deux ruches à réunir sont suffisamment rapprochées (l'orpheline et une autre qui possède une mère), on les enfume très énergiquement toutes deux pour les mettre en bruissement d'abord et pour modifier ensuite un peu leur odeur.

On vide la ruche orpheline; mais, au lieu de placer les cadres sur le chevalet, on les introduit directement dans la ruche à laquelle on veut réunir les abeilles.

Toutefois, si cette dernière ruche possède assez de cadres et de provisions de miel, on se contente d'y brosser les abeilles. Rien de plus facile que cette opération. On introduit de côté le cadre à dégarnir d'abeilles dans la ruche qui doit les recevoir, et l'on brosse ce cadre de haut en bas avec une plume d'oie pour faire tomber les abeilles sur le parquet de la ruche. Si le gâteau de cire est noir et vieux, en même temps que dépourvu de miel, on peut encore faire tomber les abeilles sur le parquet en frappant d'un coup sec contre ce dernier avec un des angles du cadre. On fait de même pour tous les autres. Lorsqu'il ne reste plus aucun cadre dans la ruche, on fait tomber les abeilles, qui sont restées attachées aux parois, sur un morceau de planche ; il suffit pour les détacher de frapper fortement, avec la ruche vide, un coup sec contre la planche. On brosse ensuite dans la ruche pleine les abeilles tombées sur la planche. Il ne reste plus qu'à fermer la ruche pleine et à enlever la ruche vide, afin que les abeilles orphelines, trouvant le lendemain leur ancienne place vide ou tout au moins le guichet de leur ancienne ruche fermé, soient forcées de revenir à celle où elles ont passé la nuit.

Quant à la mère de l'essaim qui a recueilli les abeilles orphelines, elle ne court aucun risque d'être tuée par les nouvelles abeilles étrangères qui, n'ayant ni mère ni couvain à défendre, se montrent fort peu agressives.

2° La réunion de deux essaims ayant chacun une mère se fait dans les mêmes conditions qu'il vient d'être dit, avec cette différence, toutefois, que l'existence de deux mères, qui ne pourraient vivre ensemble dans la même ruche, oblige d'en sacrifier une et d'emprisonner l'autre jusqu'à ce qu'elle soit adoptée par les abeilles de la mère sacrifiée.

Deux ou trois jours avant de faire la réunion, on visite les deux ruches pour chercher les mères. Si on les trouve toutes deux, on enferme la plus jeune ou la plus belle dans un étui métallique ; on tue l'autre pour rendre son essaim orphelin.

L'étui métallique dans lequel on enferme la mère qu'on veut conserver doit être à mailles aussi larges que possible, sans toutefois que ces mailles puissent donner passage aux abeilles. Cet étui, dont les extrémités sont fermées avec de simples bouchons de liège, doit avoir 2 centimètres de diamètre et 15 centimètres de long. Il se place verticalement, de manière à toucher le plafond de la ruche, entre deux cadres à couvain ; c'est-à-dire à l'endroit où se tient le plus habituellement la mère.

Il n'est pas absolument indispensable de tuer la mère qu'on ne veut pas conserver. Il n'est, du reste, pas toujours facile de trouver les deux mères. Dans ce cas, c'est celle qu'on peut découvrir qui est emprisonnée. Quant à l'autre, elle sera infailliblement tuée par les abeilles de la mère qui est dans l'étui. Voici, en effet, ce qui se passe : la mère prisonnière, se trouvant protégée par les mailles de l'étui, n'est pas exposée aux attaques des abeilles de la mère qui est demeurée libre ou qui a été tuée; tandis que cette dernière, qui n'a pour la protéger que ses propres abeilles, finit par être tuée par les autres, qui lui sont d'autant plus hostiles que leur colère se trouve stimulée par la présence de leur propre mère qui est enfermée dans l'étui.

Il est facile de comprendre combien il serait dangereux de réunir deux essaims en laissant les deux mères libres. On serait exposé à perdre les deux, soit qu'en se battant ensemble elles se blessassent réciproquement, soit que chacune d'elles fût tuée par les abeilles de l'autre.

Il est donc indispensable de trouver tout au moins une des deux mères avant de faire la réunion. Ajoutons que si l'on peut à la rigueur se dispenser de tuer la seconde, il vaut infiniment mieux le faire soi-même, quand on le peut, plutôt que de laisser ce soin aux abeilles, par la raison bien simple que des abeilles dont l'orphelinat remonte à deux ou trois jours sont toujours mieux disposées à adopter une mère étrangère que si l'orphelinat est plus récent. Voilà pourquoi nous recommandons d'essayer de trouver les deux mères trois jours avant de faire la réunion.

Si l'on n'en trouve qu'une, il est évident qu'on n'a pas besoin d'attendre trois jours pour réunir les abeilles, puisqu'on est obligé de renoncer à rendre une des deux ruches orphelines. D'autre part, si l'on trouve les deux mères (ce qui permet d'en sacrifier une), il est prudent de ne pas renvoyer au troisième jour l'emprisonnement de celle qu'on veut conserver, de peur de ne pas la retrouver au moment de l'opération.

Ainsi donc, une fois qu'une des deux mères est enfermée dans un étui en toile métallique, on fait immédiatement la réunion si l'on n'a pas pu trouver l'autre; mais on retarde l'opération de trois jours si l'on a pu rendre un des deux essaims orphelin. Dans le premier cas, il est prudent de ne délivrer la mère prisonnière que quatre ou cinq jours après la réunion; dans le second, au contraire, on peut la délivrer sans danger après quarante-huit heures.

3° Lorsqu'on n'aperçoit dans une ruche qu'on visite que du couvain de mâles dans des cellules d'ouvrières, on ne doit jamais hésiter à sacrifier cette ruche en la réunissant à une autre; car on e trouve ici en présence d'une *ruche bourdonneuse*.

Nous avons dit qu'une ruche était bourdonneuse lorsqu'elle possédait une mère qui, pour un motif quelconque, n'avait pu se faire féconder. Cette mère, dans ce cas, ne pond que des mâles. Elle est généralement fort petite, et, par suite, impossible à distinguer des autres abeilles. C'est précisément l'impossibilité de distinguer ces mères qui a fait croire à des apiculteurs, même fort sérieux, qu'il existait des abeilles dites *abeilles pondeuses*. Nous avons expliqué, dans la première partie de notre travail, qu'en dépit de toutes les assertions des apiculteurs nous nous refusions à admettre l'existence d'abeilles pondeuses. Ce sont de petites mères qui, n'ayant reçu qu'une nourriture insuffisante au berceau, n'ont pu se développer complètement, et, par suite, se faire féconder à cause de l'exiguïté de leurs formes ; mais ce n'en sont pas moins là des mères, qui inspirent une affection aussi vive aux abeilles que si elles étaient fécondées.

On conçoit qu'il est impossible d'éliminer de pareilles mères de la ruche avant de réunir l'essaim à un autre. On est donc forcé de faire la réunion sans même chercher à découvrir la *mère bourdonneuse ;* ce qui serait, du reste, une peine inutile. Il faut se contenter, comme dans le cas précédent, d'enfermer soigneusement dans un étui en toile métallique la mère fécondée, et laisser aux filles de cette dernière le soin de débarrasser la ruche de la *mère bourdonneuse*, qu'elles sauront parfaitement découvrir.

Quant aux mâles qui garnissent la ruche, il n'y a pas lieu de s'en préoccuper non plus ; ils seront immédiatement expulsés de la ruche par les abeilles qui ont une mère fécondée.

VII. — Alimentation. — Il faut avoir le soin, chaque fois qu'on visite l'intérieur d'une ruche, d'examiner si elle a suffisamment de provisions de miel et de pollen ; car, si les provisions font défaut, l'essaim court le risque de mourir de faim si l'on ne vient promptement à son secours.

C'est surtout à la sortie de l'hiver et au commencement du printemps qu'on doit veiller avec soin à ce que les essaims ne manquent pas de nourriture. A cette époque, en effet, les essaims trouvent encore fort peu à butiner. — D'autre part, c'est le moment de la grande ponte ; aussi l'élevage du couvain nécessite-t-il une grande consommation de miel et de pollen. Or, si les provisions ne sont pas suffisantes et que le temps, en devenant froid et pluvieux, force les abeilles à demeurer au logis, les provisions sont vite épuisées et l'essaim meurt de faim. Il ne faut donc pas hésiter à le nourrir s'il en a besoin, surtout si le temps devient mauvais.

Un grand nombre d'apiculteurs ne se contentent pas d'alimenter les essaims lorsque les provisions menacent de s'épuiser. Ils donnent tous les soirs quelques cueillerées de miel ou de sirop aux abeilles au sortir de l'hiver, dans le but de stimuler la ponte de l'abeille-mère et d'obtenir ainsi de fortes populations dès les premiers jours du printemps. Ce genre d'alimentation est connu sous le nom de *nourriture spéculative*. Ici encore, nous sommes en contradiction avec la masse des apiculteurs : nous sommes un adversaire convaincu de toute *nourriture spéculative*, toujours fort dangereuse. S'il survient, en effet, des gelées printanières pendant qu'on administre la nourriture spéculative aux abeilles pour les tromper en leur faisant accroire que la saison du miel est arrivée, les abeilles sont forcées par le froid de se grouper au haut de la ruche et d'abandonner le couvain qui occupe une trop grande surface. Ce couvain trop hâtif est donc perdu.

Ajoutons qu'il peut aussi occasionner la loque. Voilà pourquoi nous ne donnons jamais de nourriture spéculative à nos abeilles. Nous engageons nos lecteurs à suivre notre exemple, et à laisser à l'instinct des abeilles le soin de fixer le moment où elles peuvent, sans imprudence, se livrer à l'élevage du couvain.

Nous n'alimentons donc les ruches que dans le cas d'absolue nécessité, toujours fort rare si, à l'automne, on a eu le soin de laisser des provisions suffisantes dans les ruches. Disons aussi que, lorsque nous sommes forcé de donner de la nourriture aux abeilles, nous la leur donnons tout à la fois, et cela pour deux motifs :

1° Pour éviter d'abord de stimuler la ponte ;

2° En second lieu, parce que la nourriture qu'on donne aux abeilles, à moins que ce ne soit les rayons de miel operculé, provoque toujours un certain désordre dans la colonie, et même dans le rucher, en ce sens que l'odeur du miel ou du sirop que l'on donne attire les autres abeilles et peut provoquer le pillage de la ruche qu'on veut secourir.

C'est encore pour éviter le pillage qu'on doit donner la nourriture le soir, quelques instants avant la nuit.

La nourriture doit toujours se donner dans l'intérieur de la ruche. Donnée au dehors, elle provoque le désordre dans le rucher et elle est enlevée en majeure partie par les plus fortes colonies, qui sont celles qui n'en ont généralement pas besoin.

On donne plusieurs sortes de nourritures aux abeilles qu'on veut alimenter; mais le fond de tout aliment apicole est le sucre. Certains apiculteurs préconisent le lait et les œufs. Tous ces systèmes d'alimentation économique nous sourient fort peu. Nous n'admettons pour nourrir les abeilles que le bon miel ou le sirop fabriqué avec de bon sucre raffiné. Si nous avons des doutes sur la qualité du miel, nous le faisons bouillir avant de le donner aux abeilles, afin de tuer les cryptogames loqueux qu'il pourrait contenir.

On emploie une infinité de moyens pour donner de la nourriture aux abeilles. Le plus usuel, que nous trouvons détestable, consiste à mettre le miel ou le sirop dans un pot à confitures sur lequel on ficelle un morceau de linge très gros. On renverse ensuite le pot sur un trou rond pratiqué dans ce but au milieu du plafond de la ruche. Ce procédé est mauvais; car, de deux choses l'une, ou le miel coule trop vite et alors il englue les abeilles, ou il coule trop lentement et, dans ce cas, les abeilles, en perçant le linge, sont encore engluées.

Miel et sirop. — Quant à nous, à part le pollen, nous donnons la nourriture de trois manières différentes :

1° Si nous avons des cadres de miel operculé en réserve, nous donnons de préférence du miel en rayons; ce qui dispense les abeilles de l'emmagasiner et leur évite une perte de temps.

2° Si le miel est liquide, nous y ajoutons un quart d'eau pour le rendre plus liquide encore et nous faisons bouillir le tout pour faciliter le mélange. Si nous n'avons pas de miel, nous le remplaçons par du sucre et nous faisons un sirop assez épais, mais qui puisse bien couler.

Nous mettons à plat, sur une table, un cadre à brèche bien sèche et nous versons sur cette brèche le miel ou le sirop, en l'étendant avec la lame d'un couteau, comme on étend de la confiture sur un morceau de pain. Nous passons et repassons la lame du couteau, à plat, dans tous les sens, pour bien faire pénétrer le miel ou le sirop dans les cellules du rayon, que nous plaçons ensuite dans la ruche, entre le dernier cadre et la porte vitrée.

3° Enfin, si nous n'avons pas de cadres à brèche à notre disposition, nous employons un nourrisseur, inventé par M. de La Laurencie, et dont voici la description :

Ce nourrisseur, qui est en zinc, a la forme d'une boîte carrée dont le fond repose dans une cuvette.

Les six faces de la boîte sont hermétiquement soudées entre elles. Cette boîte ou récipient, qui contient un litre, a les dimensions suivantes : hauteur, 180 millimètres ; largeur, 28 millimètres ; longueur, 200 millimètres.

Comme nous l'avons dit, le fond de la boîte forme cuvette, en ce sens qu'il déborde tout autour. Cette cuvette a 212 millimètres de long sur 40 millimètres de large ; les bords relevés ont environ le tiers de la largeur.

En résumé, ce nourrisseur se compose de deux parties principales, soudées entre elles : un récipient, qui peut contenir un litre de miel, et une cuvette dans laquelle, comme nous allons le voir, s'écoule le miel du récipient destiné à être léché par les abeilles.

On introduit le miel dans le récipient par une ouverture ronde, armée d'une tubulure, qui est pratiquée sur l'un des côtés du récipient, à quelques centimètres au-dessus de la cuvette ; lorsque le récipient est plein, on ferme la tubulure avec un bouchon de liège.

Pour que le miel puisse s'écouler dans la cuvette où les abeilles viennent le sucer, un trou, qui demeure toujours ouvert, est ménagé immédiatement au-dessous du premier et au ras du fond de la cuvette.

On comprend déjà le mécanisme ; le miel s'écoule par le trou du fond dans la cuvette ; mais sitôt que cette ouverture de dégorgement, par laquelle il sort, est immergée, la pression atmosphérique retient le reste du miel dans le récipient, d'où il ne continue à sortir que lorsque les abeilles ont sucé le miel de la cuvette au point de remettre à découvert le trou de dégorgement du récipient. A ce moment, l'air devrait s'introduire par cette ouverture et traverser le miel, pour venir remplir le vide du récipient, qui laisserait ainsi s'écouler une autre portion de son contenu.

Mais cette introduction intermittente de l'air dans le récipient, qui est indispensable pour que le miel puisse s'écouler dans la cuvette, rencontre une très grande difficulté dans la densité du miel dont il est obligé de traverser les couches pour venir se loger au-dessus.

Ne pouvant espérer de voir l'air vaincre cette résistance, M. de La Laurencie a tourné la difficulté ; il a eu l'ingénieuse idée de mettre, par sa partie supérieure, l'intérieur du récipient en communication directe avec le fond de la cuvette, à l'aide d'un petit tube de plomb, qui a 6 millimètres de diamètre et qui est hermétiquement soudé à la partie supérieure du récipient, dans lequel il pénètre par un trou pratiqué au-dessus de la tubulure de charge de l'appareil ; il en ressort en décrivant un col de cygne et en descendant le long d'une des parois extérieures de côté, jusqu'à ce qu'il vienne affleurer le fond de la cuvette.

Grâce à ce procédé, lorsque les abeilles ont sucé le miel ou le sirop de la cuvette, l'air entre librement dans le récipient par le tube que nous venons de décrire ; aussitôt, le miel s'écoule par le trou de dégorgement dont il a été parlé plus haut, jusqu'à ce que ce même trou, ainsi que l'orifice extérieur du tuyau de prise d'air étant immergés, l'air n'entre plus et le miel cesse de couler.

L'appareil doit être enduit d'une légère couche de cire et de térébenthine, pour faciliter la marche des abeilles et empêcher la rouille. Le tube de prise d'air est mobile, parce que, parfois, une goutte de sucre peut obstruer l'orifice qui plonge dans la cuvette. Du reste, si les orifices viennent à s'obstruer, un peu d'eau bouillante, versée par la tubulure de charge, suffit pour remettre tout en état.

Le grand avantage de cet appareil est de pouvoir se placer dans l'intérieur de la ruche, entre le dernier cadre et la porte vitrée. D'un autre côté, les abeilles ne s'engluent jamais. Voilà pourquoi nous ne saurions trop en recommander l'usage.

Pollen. — Il ne nous reste plus, pour terminer le chapitre de l'alimentation des ruches, qu'à dire comment on donne le pollen aux abeilles, et quel est le meilleur pollen.

Le pollen doit toujours se donner hors de la ruche. C'est à tort que certains apiculteurs le placent dans l'intérieur, car elles ne peuvent l'y utiliser. Il suffit de se rappeler, à cet égard, ce que nous avons dit, dans la première partie de notre travail, sur la manière dont les abeilles récoltent le pollen.

C'est toujours au vol, sans jamais se poser sur la fleur, que l'abeille saisit le grain de pollen avec ses pattes de devant et que, après l'avoir enduit de salive, elle le pelotonne et le fait passer dans les corbeilles qui garnissent les jambes de derrière. Le pollen, pour pouvoir être utilisé, doit donc être préalablement enduit de salive et pétri avec les pattes, qui ne peuvent remplir leur office sur ce point que lorsque l'insecte se soutient dans les airs avec ses ailes. Il suit de là que si l'on place du pollen dans une ruche, dont l'espace est trop étroit pour permettre aux abeilles de voler, le but qu'on se propose n'est pas atteint. Encore une fois, c'est hors de a ruche qu'on doit mettre le pollen qu'on destine aux abeilles.

On donne aux abeilles plusieurs espèces de pollen, ou des équialents, notamment de la farine de blé. A notre avis, le meilleur ollen est le *lycopodium*.

Le *lycopodium clavatum* est une plante (*cryptogamie* L., *lycoodiacées* S.) dont les sporanges répandent une poussière jaune, ormée de spores, qu'on a appelée *soufre végétal*, à cause de la ropriété qu'elle a de s'enflammer lorsqu'on la jette sur la flamme 'une bougie, propriété qui la fait employer dans les feux d'artice et dans les pièces de théâtre qui nécessitent des jeux de ammes.

En médecine, dit le Codex, cette poudre est usitée comme des-'ccative; on l'emploie surtout contre les excoriations qui viennent ans les plis de la peau chez les jeunes enfants. On s'en sert en harmacie pour rouler les pilules et empêcher qu'elles n'adhèrent s unes aux autres.

Le *lycopodium selago* L., des forêts et des bruyères humides du ord, est un purgatif drastique à faible dose, et employé en déction contre la vermine des mammifères domestiques.

Les abeilles en sont très friandes; mais, avant de le leur doner, il est indispensable de s'assurer de sa parfaite pureté. On le ogue, en effet, de deux manières, soit en y mélangeant du soufre poudre, soit du pollen de sapins. La première falsification, qui t la plus sérieuse, est assez facile à reconnaître. Il suffit, pour cela, de répandre un peu de lycopodium sur un verre d'eau : le lycopodium surnage, tandis que le soufre ne tarde pas à se précipiter au fond du verre.

Le lycopodium coûte, en pharmacie, 5 francs le kilogramme.

Les apiculteurs font confectionner des râteliers pour le donner aux abeilles. Ces râteliers se composent de deux planches, jointes à angle droit, formant une auge. Des baguettes, parallèles entre elles, sont clouées horizontalement sur les parois intérieures de l'auge, qu'on saupoudre de lycopodium. Les baguettes retiennent le lycopodium contre les deux versants qui forment les deux côtés du râtelier et l'empêchent de tomber au fond. Ce râtelier est recouvert d'une couverture en planche, qui met le pollen à l'abri de la pluie.

Quant à nous, nous ne trouvons pas de râtelier à pollen plus commode qu'un cadre garni de brèche, que nous mettons à l'abri de la pluie après l'avoir saupoudré de lycopodium.

Il faut avoir le soin, les deux ou trois premiers jours, pour attirer les abeilles au râtelier, de placer un peu de miel à côté du pollen.

VIII. — Permutations. — A notre avis, et malgré l'opinion contraire d'un grand nombre d'apiculteurs qui ont érigé les permutations en système, ce n'est qu'exceptionnellement qu'on doit pratiquer ce genre d'opérations, soit pour faire des essaims artificiels, comme nous le verrons plus tard, soit pour fournir des vieilles abeilles, autrement dit des butineuses, à de jeunes et beaux essaims qui n'en ont pas encore assez au moment où ils sont surpris par la récolte.

On reconnaît qu'un tel essaim manque de butineuses lorsque, pendant la belle saison, les abeilles qui entrent et qui sortent de la ruche sont peu nombreuses, alors que l'intérieur est cependant bien fourni d'abeilles. Dans ce cas, assez rare du reste, qui se présente lorsque une récolte hâtive de miel s'annonce comme devant se produire tout à coup, quelques jours après qu'on a fait les essaims artificiels, il y a lieu de permuter cette ruche avec une autre dont la population est très forte.

Il serait imprudent de faire permuter une ruche forte en deh du commencement du printemps, c'est-à-dire de la grande ponte, seule époque où une forte ruche peut espérer de réparer la perte qu'on lui impose en lui enlevant toutes ses butineuses pour les remplacer par les vieilles abeilles de la ruche qu'on veut fortifier. Dans tous les cas, on ne doit jamais déranger une forte ruche lorsque la grande récolte de miel a commencé.

Certains apiculteurs permutent encore entre elles deux ruches qui, quoique d'inégale force, ne sont pourtant faibles ni l'une ni l'autre. Leur but, en agissant ainsi, est d'égaliser les essaims.

Nous n'avons jamais compris l'utilité de pareilles permutations, qui apportent toujours une très grande perturbation dans les ruches permutées, sans grand avantage pour la moins forte, qui ne bénéficie jamais entièrement de ce qu'on fait perdre à l'autre. Nous n'admettons, encore une fois, que les permutations du commencement du printemps, soit pour faire des essaims artificiels, dont nous nous occuperons bientôt, soit pour compléter la population d'un jeune et vigoureux essaim, qui manque encore de butineuses pour profiter d'une saison trop hâtive et faire sa récolte.

Cela dit, voici comment on fait une permutation de ruches.

L'opération est des plus simples. Elle doit toujours se faire par une belle et chaude journée, pendant que les vieilles abeilles sont aux champs. L'heure la plus convenable est celle de midi à deux heures. A ce moment, on change tout simplement les ruches de place, en mettant la plus faible sur le siège de la plus forte, et *vice versa*. De cette manière, comme les abeilles reviennent toujours à leur place, les butineuses d'un essaim entreront sans hésiter dans la ruche de l'autre, qui a pris la place de leur ancienne habitation. Mais comme, à peine entrées dans la ruche, elles se reconnaîtront étrangères, elles ne manifesteront pas la moindre hostilité contre les jeunes abeilles et la mère qui ont remplacé les leurs. D'autre part, le guichet d'une ruche permutée est toujours mal gardé pendant la première journée; aussi les vieilles abeilles ne rencontrent-elles aucune difficulté pour entrer. On ne doit pas oublier, du reste, qu'une abeille étrangère qui se présente sur le guichet d'une ruche reçoit presque toujours l'hospitalité lorsqu'elle arrive en apportant des provisions. Or, comme dans l'espèce toutes les abeilles rentrent chargées des champs, il n'y a jamais de combats sérieux dans les permutations, surtout quand ces dernières sont faites de midi à deux heures, par une belle et chaude journée.

IX. — Addition de couvain et de jeunes abeilles. — La meilleure manière de fortifier une ruche faible est de lui donner, soit des cadres à couvain retirés d'une autre ruche, soit de jeunes abeilles étrangères, soit, à la fois, des cadres à couvain et de jeunes abeilles.

1° Si l'essaim qu'on veut fortifier est cependant assez fort pour réchauffer une ruche qui possèderait un cadre de plus que la sienne, si surtout la température est assez élevée pour qu'une gelée ne soit pas à craindre, le mieux est de donner à cet essaim *un cadre à couvain de tout âge,* dégarni d'abeilles, qu'on a retiré d'une forte ruche pour qui un pareil sacrifice est insignifiant. — Nous disons *un cadre à couvain de tout âge,* c'est-à-dire un cadre dont les cellules sont remplies d'œufs, de larves de un à cinq jours, et de couvain operculé à des dates différentes. L'explication de ce choix est facile à donner : pour qu'un essaim soit dans de bonnes conditions, il est nécessaire que les butineuses qui disparaissent journellement soient remplacées au fur et à mesure par les nourricières, dont les vides doivent également être comblés dans la ruche par de jeunes abeilles qui sortent de leur alvéole. Si donc ces dernières naissaient toutes à la fois, et qu'il se passât plusieurs jours sans qu'il y eût des naissances, il se produirait, dans les travaux, des intermittences fâcheuses, qui jetteraient la perturbation dans la ruche. Voilà pourquoi il est nécessaire, quand on donne des cadres à couvain à une ruche, de choisir du couvain de tout âge.

2° Si l'essaim à fortifier a suffisamment de couvain, mais qu'il lui manque des nourricières pour le réchauffer, ce qui se produit parfois lorsqu'on a fait des essaims artificiels, on se contente de lui donner une certaine quantité de jeunes abeilles prises à une autre ruche.

Cette opération, sans être difficile, est cependant assez délicate. Généralement, quand on veut fortifier un essaim en lui donnant de jeunes abeilles étrangères, on prend dans une forte ruche un ou deux cadres garnis d'abeilles qu'on brosse dans la ruche à fortifier. On fait toujours cette opération vers le milieu d'une belle journée, pendant que les butineuses sont aux champs. On a ainsi plus de chance de ne brosser, dans la ruche à fortifier, que de jeunes abeilles qui, n'étant encore jamais sorties, sont susceptibles de rester dans la ruche ou on les met. Quant aux cadres dépouillés de leurs abeilles, on les restitue à la ruche qui les a fournis.

Cette opération réussit quelquefois; mais il arrive souvent que les neuf dixièmes des jeunes abeilles qui ont été brossées dans la ruche à fortifier reviennent à leur ancienne demeure. Cela tient à ce que ces jeunes abeilles, sans être encore des butineuses, sont cependant déjà sorties une première fois pour essayer leurs forces en faisant *le soleil d'artifice,* dont il a été parlé dans la première partie de notre travail. Dans ce cas, l'opération est à recommencer.

Certains apiculteurs essayent de tenir compte du déchet que le départ de ces jeunes abeilles fera éprouver au groupe qu'on ajoute à la ruche à fortifier, en donnant une quantité beaucoup plus forte qu'il ne serait nécessaire si toutes les abeilles qu'on brosse devaient rester dans leur nouvelle ruche. Mais ici il peut se produire un autre inconvénient, c'est que, cette fois, on peut rencontrer des cadres absolument garnis de jeunes abeilles qui, n'étant pas encore sorties, resteront toutes dans la ruche à fortifier, auquel cas on aura déshabillé saint Pierre pour habiller saint Jean: en d'autres termes, en fortifiant une ruche on aura trop affaibli l'autre.

Le seul moyen d'éviter tous ces désagréments et d'opérer en toute certitude consiste à placer un cadre à brèche et un cadre garni de miel et de couvain dans une ruche vide et de jeter dans cette ruche le peloton d'abeilles qu'on destine à la ruche faible. On ferme ensuite cette ruche, qu'on laisse en repos pendant quatre ou cinq heures, afin de donner le temps aux abeilles qui sont déjà sorties de revenir à *la ruche-souche ;* après quoi on examine si le groupe qui reste attaché aux rayons de couvain et de brèche est suffisant ou s'il est trop fort. Dans le premier cas, on le brosse cette fois dans la ruche à fortifier; dans le second, on laisse sur le cadre à couvain le superflu et l'on replace ce cadre, avec les abeilles d'excédent, dans la ruche qui les a fournies.

3° Enfin, si l'essaim qu'on veut fortifier manque de couvain et d'abeilles, on lui donne des cadres à couvain de tout âge garnis de leurs abeilles, en ayant la précaution, comme dans le dernier cas, de les faire préalablement séjourner quelques heures dans une ruche vide, pour donner le temps aux abeilles qui doivent sortir de s'en aller. Si ces dernières s'en vont en trop grand nombre, il est évident qu'avant d'introduire les abeilles qui restent, ainsi que le cadre à couvain dans la ruche à fortifier, c'est dans la ruche même d'expérimentation qu'on doit ajouter de nouvelles abeilles prises dans une forte colonie.

X. — Apiculture pastorale (transport des ruches a la bruyère). — On a l'habitude dans certaines contrées de faire de l'apiculture dite pastorale. Elle consiste, lorsque les fleurs mellifères du printemps sont épuisées, à transporter les ruches à la bruyère pour leur faire faire une seconde récolte de miel. Les apiculteurs, notamment ceux de Vienne (Autriche), transportent leurs essaims dans les plaines de Wagram pour leur faire faire, vers la fin de juillet, une seconde récolte sur les fleurs de la bruyère. Ce miel, quoique de qualité inférieure, est d'un grand secours en apiculture. Il permet d'enlever aux ruches tout le miel de printemps, qui est le meilleur, tandis que le miel de bruyère, impropre aux usages de la table, est abandonné aux abeilles pour passer l'hiver.

Cet usage, qui consiste à déplacer les ruches lorsque les fleurs voisines du rucher sont épuisées, est loin d'être nouveau. Nous trouvons en effet ce qui suit dans Pline :

> Voici, au sujet de la nourriture des abeilles, dit-il, un fait singulier et digne d'observation. Sur les bords du Pô est un bourg qu'on nomme Hostilia; quand les habitants voient leurs plaines épuisées, ils mettent les ruches sur des bateaux et, pendant les nuits, ils remontent le fleuve l'espace de cinq milles. Le matin, les abeilles sortent, se répandent dans les campagnes, et chaque soir elles reviennent. On continue le voyage jusqu'à ce que les bateaux, s'enfonçant sous la charge, fassent connaître que les ruches sont remplies. On ramène les abeilles, et l'on ôte le miel.
>
> En Espagne aussi elles voyagent à dos de mulet pour la même cause.

Il ne nous reste qu'à engager les apiculteurs qui pourront le faire, non pas à suivre l'exemple de ceux d'Hostilia, ce qui pourrait être difficile au plus grand nombre, mais simplement celui des apiculteurs de Vienne. — A cet effet, lorsqu'on veut transporter les ruches à la bruyère, il faut d'abord leur enlever à peu près tout leur miel, en procédant comme il sera dit au chapitre de la récolte

Cette première opération est indispensable, d'abord pour éviter que des rayons trop lourds ne se brisent en route et, en second lieu, pour permettre aux abeilles d'emmagasiner le miel de bruyère.

On replace ensuite les cadres vides dans la ruche et les portes vitrées contre les cadres. Ces dernières doivent être solidement assujetties pour éviter tout déplacement pendant le trajet. Il suffit, pour les maintenir solidement à leur place, et avec elles les autres cadres, d'enfoncer quatre pointes dans les parois de la ruche, dans les angles formés par ces parois avec les portes vitrées : deux pointes sont enfoncées à droite, une en haut et l'autre en bas, et les deux autres à gauche dans les mêmes conditions.

Il faut avoir le soin de laisser, à chacune des extrémités de la ruche, entre les portes vitrées et les portes extérieures, un espace vide d'au moins 20 centimètres de profondeur, de manière à former deux chambres vides dans lesquelles viendront se grouper les abeilles pendant la route pour éviter d'échauffer leur couvain. On doit naturellement, pour permettre aux abeilles de passer du milieu de la ruche dans ces chambres, laisser ouverts le dessus et le dessous des portes vitrées, auxquelles on enlève, dans ce but, les planchettes qui bouchent ces ouvertures en temps ordinaire.

Une autre précaution, qu'il est indispensable de prendre, consiste à assujettir également, avec des pointes enfoncées dans les montants de la ruche, les portes extérieures pour éviter qu'elles ne tombent pendant le trajet. Ces précautions prises, on attend la nuit pour fermer le guichet de la ruche avec une toile métallique clouée sur le trou. Le seul danger que courent les abeilles est celui d'étouffer pendant la route ; aussi est-il indispensable d'ouvrir les trous d'air qui sont percés sur le milieu des portes, ainsi que celui qui est au-dessus du guichet ; tous ces trous doivent être garnis de toile métallique. Cela fait, on place les ruches sur une voiture bien suspendue et on les transporte de nuit à la bruyère, où on les dépose aussitôt à la place qui leur est destinée. On les laisse une heure environ en repos avant d'ouvrir le guichet et de refermer les trous d'air. Le lendemain, quand elles ont appris à reconnaître leur place, on ouvre les portes pour enlever les pointes qui les retiennent, donner des cadres de supplément, s'il y a lieu de le faire, et fermer le dessus et le dessous des vitres.

ESSAIMS ARTIFICIELS

I. — CONSIDÉRATIONS GÉNÉRALES. — Les meilleurs essaims artificiels sont généralement ceux qui ont été faits de très bonne heure. Un essaim tardif ne vaut rien; car il n'a, ni le temps de se fortifier, ni celui de récolter des provisions suffisantes pour passer l'hiver. Il donne toujours beaucoup de tracas et ne fait que végéter. Voilà pourquoi il faut s'attacher à ne faire que des essaims hâtifs; ce qui est toujours facile avec des ruches à cadres mobiles bien gouvernées.

Il faut faire peu d'essaims pour ne pas trop affaiblir les colonies qui les donnent et ne jamais oublier que les essaims artificiels se font toujours au détriment de la récolte du miel : celui qui veut faire beaucoup d'essaims doit forcément renoncer à la récolte de l'année; celui qui veut demander beaucoup de miel aux abeilles ne doit pas leur demander d'essaims, à moins de considérer ces derniers comme une véritable récolte. On peut cependant, dans les bonnes années, faire des essaims sans sacrifier absolument la récolte; mais, pour atteindre ce but, un maximum de 50 pour 100 ne doit jamais être dépassé dans notre pays.

Il ne faut jamais faire des essaims artificiels qu'avec de très fortes colonies. La période comprise entre le 15 avril et le 15 mai est la meilleure époque pour l'essaimage artificiel. En d'autres termes, le meilleur moment est celui qui précède de quelques jours la flore du printemps. Un indice, du reste, qui ne trompe

1. Nous terminons, avec le 2e volume de notre *Revue*, la remarquable étude de M. T. Sourbé sur l'*Apiculture mobiliste*. Ce travail, réuni en volume, va paraître prochainement à la librairie A. Quantin. Il contiendra, en outre, un chapitre sur les travaux apicoles d'automne, et un supplément comprenant la jurisprudence et la flore apicoles.

Nous insérerons dans l'un des numéros de janvier, comme article spécial, le chapitre relatif aux travaux apicoles d'automne, qui est tout particulièrement intéressant. A. L.

pas, est fourni par les abeilles : la population est forte, les cadres sont bien garnis de couvain et la ponte des mâles est commencée.

Lorsque ces signes ne se produisent qu'après le 15 mai, c'est-à-dire au moment où va s'ouvrir la flore, il vaut mieux s'abstenir de faire des essaims, parce que les souches n'auraient pas le temps de se fortifier assez pour faire la récolte, et les essaims artificiels eux-mêmes se ressentiraient du retard. On pourra certainement encore réussir après cette date; mais les essaims qu'on obtiendra n'auront jamais la vigueur des premiers faits.

Il existe, en apiculture, une infinité de procédés différents pour faire des essaims artificiels. Les apiculteurs, surtout les novices, se livrent à cet égard à de véritables tours de force qui, neuf fois sur dix, aboutissent à des insuccès.

De tous ces procédés, fort ingénieux assurément, fort savants et surtout fort compliqués, nous n'en indiquerons que deux, parce que ceux-là sont infaillibles et que nous cherchons avant tout des résultats pratiques, en laissant aux docteurs du métier la latitude de tuer leurs essaims, si bon leur semble, en jonglant avec leurs abeilles.

Les deux procédés que nous voulons préconiser sont connus sous le nom d'*essaimage artificiel avec permutation de ruches* et sous celui d'*essaimage artificiel par progression.*

II. — Essaimage artificiel avec permutation de ruches. — Cette manière de faire un essaim, quoique connue depuis longtemps, a été récemment mise en lumière par M. Vignole, président de la Société d'apiculture de l'Aude, qui a publié toute une brochure sur le système auquel nous faisons allusion.

L'ouvrage de M. Vignole a trouvé, en Italie surtout, des admirateurs passionnés, en même temps qu'il soulevait en France et en Amérique, de vives et légitimes critiques. Pour nous, nous scindons l'ouvrage de M. Vignole en deux parties bien distinctes. La première, qui est la seule que nous préconisions, nous paraît excellente, tandis que la seconde nous semble vicieuse. Voilà pourquoi nous n'adoptons que la moitié du système Vignole.

Les journaux apicoles d'Italie, il est vrai, nous ont reproché de nous être montré trop sévère pour le livre de M. Vignole; mais comme nos critiques n'ont été relevées par personne, pas même par l'auteur, qui a cependant bec et ongles, nous nous en tiendrons à notre première appréciation, en persistant à élaguer du système ce qui nous semble vicieux.

L'essaimage avec permutation surtout ne peut être appliqué avec fruit que sur de très fortes ruches et avant l'éclosion de la flore locale.

Pour bien faire comprendre la manière de procéder, nous figurerons par des chiffres les places occupées par les ruches dans le rucher, et par des lettres alphabétiques les ruches elles-mêmes.

Pour simplifier notre démonstration, nous supposerons un rucher n'ayant que trois places occupées par deux ruches seulement :

1	2	3
A	B	

Toutes deux, comme nous l'avons dit, doivent être très fortes pour le succès complet de l'opération. Si elles ne le sont pas, il faudra, de deux choses l'une, ou attendre qu'elles se soient fortifiées, ou opérer comme nous l'indiquerons plus tard en décrivant le second système. Mais admettons, pour un moment, que les ruches A et B sont des plus populeuses et mûres pour l'essaimage artificiel.

Dans ce cas, on prend, une ruche vide C, que l'on place à côté de la ruche la moins forte, soit A, à laquelle on veut prendre un essaim;

I	2	3
(CA)	B	

On retire de la ruche A deux cadres à couvain de tout âge *avec la mère*, ainsi que les abeilles qui sont attachées aux deux cadres. On ajoute cinq ou six cadres garnis de brèches si on les a; dans le cas contraire, on se contente d'en ajouter deux seulement garnis de brèches, qu'on place à droite et à gauche des deux cadres à couvain. On place ensuite deux cadres vides, toujours un à droite et l'autre à gauche, et on ferme la ruche. On place cet essaim artificiel, ainsi composé, sur le siège de la ruche A, qu'on vient de rendre orpheline en lui prenant sa mère pour la mettre, comme il a été dit, dans la ruche C. Quant à la ruche orpheline A, on la met à la place de la ruche B, qu'on porte plus loin. Nos ruches, après cette permutation, se trouveront dans l'ordre suivant :

1	2	3
C	A	B

Les trois ruches C, A, B se trouvent toutes dans d'excellentes conditions pour réussir.

La ruche C possède deux cadres à couvain, une mère et toutes les vieilles abeilles de la ruche A. Ces vieilles abeilles, en effet, en revenant des champs, entreront dans la ruche C, mise à la place de leur ancienne demeure et où elles retrouveront leur mère. Comme cet essaim artificiel est très populeux et fort hâtif, sa réussite est certaine.

La ruche A, quoique qu'elle ait été rendue orpheline et dépouillée de deux cadres à couvain garnis de jeunes abeilles, se trouve également dans des conditions de réussite tout aussi parfaites; car si elle n'a plus de mère, elle a conservé, en revanche, la plus grande partie de son couvain et de ses jeunes abeilles. Quant aux vieilles, dont la ruche C a hérité, elle les remplace par celles de la ruche B, qui lui a cédé son siège. Aussi peut-on être sans inquiétude sur son compte : les abeilles s'empresseront d'adopter des larves de trois jours environ pour les transformer en mères dont l'aînée, treize jours plus tard, sortira de son alvéole.

De son côté, la ruche B, qui a conservé sa mère, toutes ses jeunes abeilles et tout son couvain, aura tout le temps de remplacer ses vieilles abeilles avant la récolte.

En réalité donc, la formation de l'essaim artificiel C a coûté à la ruche A sa mère et deux cadres à couvain garnis de jeunes abeilles, et à la ruche B ses vieilles abeilles, c'est-à-dire des sacrifices facilement réparables à cette époque de l'année.

Neuf jours après cette opération, il faudra visiter, *avec un très grand soin*, la ruche orpheline A, qui aura plusieurs alvéoles maternels déjà operculés. Pour éviter la sortie d'un essaim naturel, qui ne manquerait pas de se produire après la naissance d'une première mère, il faut détruire tous ces alvéoles sauf un, le plus beau, qui contient la future mère de la ruche.

(Greffe.) — Si l'on a d'autres essaims artificiels à faire, les alvéoles superflus peuvent être d'un grand secours; car si l'un d'eux est greffé sur un des cadres à couvain des ruches qu'on rend orphelines, il a chance d'être accepté par les abeilles, et, dans ce cas, il abrège leur orphelinat de neuf jours. Malheureusement rien n'est moins certain que l'adoption d'un alvéole greffé; car on compte, sur ce point, autant d'insuccès que de succès, sans qu'on puisse s'expliquer le caprice qui pousse les abeilles, tantôt à détruire la greffe, et tantôt à l'accepter. Quoi qu'il en soit, comme on ne court aucun risque à tenter l'aventure, il y a lieu de faire des greffes chaque fois que l'on en a à sa disposition.

Il suffit, pour faire cette opération, de détacher avec un couteau, en lui donnant une forme triangulaire, le morceau de rayon sur lequel se trouve un alvéole maternel. On pratique une ouverture triangulaire de même grandeur sur le milieu d'un des cadres à couvain de la ruche orpheline. On introduit dans cette ouverture le morceau qui porte l'alvéole, dont la pointe doit toujours être dirigée vers le bas; on comprime les bords avec les doigts pour le souder au rayon, et la greffe est faite.

III. — Essaimage artificiel par progression. — Nous pratiquons ce genre d'essaimage du 1er au 15 mai. Il comporte des soins plus soutenus que celui que nous venons de décrire. Les résultats que l'on obtient au point de vue de la bonne réussite des essaims, sont plus lents à se produire que dans le premier cas; mais, en revanche, ils n'épuisent pas non plus les souches qui les fournissent et ils arrivent à l'hivernage avec des bâtisses et des provisions généralement suffisantes; ce qui est déjà beaucoup, un essaim artificiel ne donnant jamais de récolte la première année de sa formation.

Pour faire un essaim de cette nature, il faut avoir la précaution de préparer préalablement un cadre à brèche et un cadre de miel.

Si l'on n'a pas de cadre de miel, on prépare du sirop, soit avec du miel liquéfié par addition d'un quart d'eau, soit avec du sucre raffiné additionné d'un tiers d'eau. Il faut avoir le soin de faire bouillir ce sirop avant de le donner aux abeilles. On verse le liquide, lorsqu'il est froid, sur les deux côtés d'un des cadres à brèches, en le tenant presque droit (légèrement incliné) pour faciliter l'introduction du liquide dans les cellules qui, étant un peu relevées vers le haut, retiennent parfaitement ce liquide. Il ne faut pas économiser le miel ou le sirop aux jeunes essaims faits dans les conditions que nous allons décrire; car ces essaims, n'ayant pas de butineuses, sont incapables de se suffire à eux-mêmes et de se nourrir, surtout si le temps devient pluvieux.

Une fois que les cadres ont été garnis de miel ou de sirop dans les conditions qui viennent d'être indiquées, voici comment on procède pour faire un essaim artificiel.

Supposons qu'on ait deux colonies bien peuplées, A et B, et qu'on veuille faire un essaim par progression.

On prend une ruche vide V, qu'on place sur un siège quelconque, soit sur le n° 3.

1	2	3
A	B	V

On prend dans la plus forte ruche, par exemple A, un cadre à couvain de tout âge, en d'autres termes contenant des œufs, des larves de toute grosseur et du couvain operculé. On place ce cadre, avec les abeilles qui le recouvrent, dans la ruche vide V, entre un cadre à brèche B et un cadre rempli de sirop ou de miel M. Le cadre à couvain étant représenté par la lettre C, les trois cadres seront donc ainsi disposés dans la ruche V :

B C M

Si l'on a à sa disposition des alvéoles maternels operculés, on en greffe un sur le cadre à couvain C, en suivant à cet égard les indications données pour les essaims artificiels avec permutations de ruches. Si la greffe est adoptée par les abeilles, on abrège ainsi de neuf jours l'orphelinat de ce petit essaim. Dans le cas contraire, les abeilles adopteront des larves de leur cadre pour élever des mères, — dont on détruira les alvéoles, sauf un, neuf jours après la formation de l'essaim.

Les abeilles qui recouvrent le cadre à couvain C ne resteront pas toutes dans leur nouvelle ruche : les vieilles, et par vieilles nous entendons parler des butineuses, reviendront à leur ancienne demeure. Or, comme les jeunes abeilles, après le départ des aînées, pourraient ne pas être assez nombreuses pour réchauffer suffisamment la ruche, et assurer ainsi l'éclosion des œufs et le développement des larves, il est indispensable de leur adjoindre d'autres jeunes abeilles pour assurer le succès complet de l'opération. A cet effet, on prend un autre cadre à couvain, également couvert d'abeilles, dans la seconde ruche B, qui n'a encore rien fourni. On fait tomber ces abeilles, à l'aide d'une forte plume d'oie, dans la ruche V, qui contient l'essaim artificiel. (Il faut toujours avoir le soin, comme nous avons déjà eu l'occasion de le dire, pour détacher les abeilles du cadre, de les brosser de haut en bas, par de petits coups secs et rapides.) Lorsque le cadre a été dépouillé de toutes ses abeilles, on le replace dans la ruche B, qui l'a fourni.

On enfume fortement les abeilles de l'essaim artificiel pour les forcer à bien se mélanger ; on place les portes de partition contre les cadres et on ferme la ruche.

Il faut également avoir la précaution de rétrécir de moitié le trou de vol de cette ruche, pour que les abeilles puissent défendre plus facilement leurs provisions contre l'envahissement des pillardes.

Cet essaim artificiel en miniature, qui n'aura nullement affaibli les souches qui l'auront fourni, fonctionnera, en petit, absolument comme le ferait un plus grand sur une plus vaste échelle. Il élèvera parfaitement une jeune mère et, insensiblement, au fur et à mesure de la naissance de jeunes abeilles, celles qui ont été prises dans les ruches A et B deviendront des butineuses. Insensiblement aussi, après quelques jours, il se produira un va-et-vient d'abeilles sur le guichet.

Lorsque ce va-et-vient sera devenu assez important, c'est-à-dire après dix ou quinze jours, on aura acquis la certitude, sans même qu'il soit utile d'ouvrir la ruche, que la population s'est accrue. — Le moment sera alors venu de la fortifier.

On n'a pas perdu de vue que la ruche B n'a fourni, au début pour faire l'essaim artificiel, que les abeilles qui recouvraient un cadre à couvain ; mais que, quant à ce dernier, il a été replacé dans sa ruche. Pour que cette ruche B fournisse un contingent égal à celui que nous avons pris à la ruche A, qui a perdu un cadre à couvain avec toutes les abeilles de ce cadre, il faut donc reprendre à l'essaim B un cadre à couvain, mais, cette fois, sans abeilles.

A cet effet, nous choisirons, dans la ruche B, un cadre rempli, autant que possible, non plus de couvain de tout âge, mais de couvain operculé; ce qui dispensera les abeilles de l'essaim artificiel de le nourrir. Après avoir fait tomber les abeilles qui recouvrent le cadre à couvain dans la ruche B, nous mettrons ce cadre, ainsi dépouillé d'abeilles, dans la ruche de l'essaim artificiel, à côté de l'autre; c'est-à-dire sur le milieu. — A ce moment, non seulement la jeune mère sera née, mais elle sera même fécondée, du moins si l'on a greffé un alvéole maternel et que cet alvéole ait été adopté par les abeilles; elle le sera simplement au moment de se faire féconder, si les abeilles ont adopté une de leurs larves pour la transformer en mère.

Le jeune essaim se trouvera donc dans les meilleures conditions de viabilité. Huit jours après, il sera assez fort, non seulement pour élever du couvain fourni par la ponte de la jeune mère, mais même pour recevoir un cadre à couvain de tout âge, surtout si l'on renforce ce nouveau cadre avec quelques jeunes abeilles.

De leur côté, les ruches A et B auront eu tout le temps de réparer les pertes insignifiantes qui leur ont été imposées pour la formation de l'essaim artificiel. On peut donc, sans trop les affaiblir encore, leur enlever, savoir : 1° à la ruche A, un cadre à couvain dégarni d'abeilles; 2° à la ruche B, les abeilles qui garnissent un cadre. Seulement, cette fois, comme l'essaim artificiel possède des butineuses, c'est-à-dire de vieilles abeilles, qui sont toujours d'une humeur peu hospitalière et plus irascibles que les jeunes, il faudra, pour éviter une bataille, faire l'opération par une belle journée, lorsque les butineuses seront aux champs; soit, par exemple, de onze heures à midi.

D'autre part, comme le jeune essaim, grâce aux renforts successifs qu'il vient de recevoir, est devenu assez fort, non seulement pour élever son couvain, mais encore pour construire et ramasser des provisions pour l'hivernage, il faut ajouter un cadre vide à chacune des extrémités de la ruche.

Quand on verra que les rayons qui se trouvent contre les châssis vitrés sont construits et garnis d'abeilles, surtout s'il y a déjà du couvain, on ajoutera immédiatement, soit des rayons, si l'on en a à sa disposition, soit, à défaut de rayons, des cadres vides.

Il ne faut pas oublier que les jeunes essaims construisent plus franchement des rayons à cellules d'ouvrières que les forts et vigoureux essaims, qui sont toujours portés à construire des cellules de mâles. Voilà pourquoi il faut, autant que possible, donner des cadres garnis de brèches aux essaims vigoureux et confier aux jeunes le soin d'en construire de neufs.

Il ne faut pas perdre de vue non plus que lorsque la belle saison est arrivée, et que le refroidissement de la ruche n'est plus à craindre, on doit donner beaucoup de cadres construits ou à construire aux abeilles. L'espace, lorsqu'on peut le donner sans imprudence, répond à deux besoins : 1° il évite le départ des essaims naturels ; 2° il permet aux abeilles d'éparpiller leur miel sur une large étendue pour lui faire perdre par l'évaporation une partie des principes aqueux qu'il renferme. Les abeilles le recueillent de nouveau après cette évaporation et elles l'emmagasinent sur un espace plus étroit ; mais, tout d'abord, il faut beaucoup de place aux abeilles pour recevoir le miel nouveau qui n'a pas été soumis à la ventilation.

IV. — Rayons artificiels. — Les Allemands d'abord, les Américains ensuite, ont imaginé, pour économiser le temps de leurs abeilles, de leur donner des rayons artificiels ou gaufrés. — Ces rayons, à vrai dire, ne répondent pas à leur désignation ; car ils ne constituent que la cloison médiane du rayon : ce sont de simples plaques de cire, très minces, passées dans un laminoir, et sur les deux côtés desquelles les empreintes de la machine ont formé les fonds prismatiques des cellules, sur lesquels il reste aux abeilles à élever les parois. Malgré l'engouement du premier moment, on a vite reconnu que ce système était vicieux. — Les abeilles utilisaient bien la cire des rayons artificiels pour construire des cellules à droite et à gauche ; mais comme la cloison médiane construite qu'on leur offrait s'allongeait sous le poids des abeilles et l'influence de la température de la ruche qui ramollissait la cire, le fond des cellules imprimé par le laminoir se trouvait détruit, et dès lors cette partie de travail était à refaire par les abeilles. Le seul avantage qu'elles retiraient de ces rayons était simplement de trouver à portée des provisions accumulées de cire, qui les dispensaient d'en sécréter en consommant beaucoup de miel.

Pour tourner cette difficulté, autrement dit pour éviter que les fonds de cellules creusés par le laminoir ne se déforment, on a eu l'idée de former la cloison médiane avec des feuilles de bois très minces. Ces feuilles, après avoir été enduites de cire, sont passées au laminoir pour recevoir les empreintes cellulaires. Cette fois, les rayons artificiels ne se sont pas allongés; mais les abeilles ont rongé la cire jusqu'au bois et l'ont utilisée pour bâtir les côtés des cellules, de telle sorte que ces dernières sont à fond plat; d'où la preuve que les rayons artificiels ne doivent être considérés que comme de simples provisions de cire, rendues à pied d'œuvre, qu'on donne aux abeilles.

Cette conviction nous a amené à faire une expérience, qui a parfaitement réussi. — Nous avons tendu une toile mince de coton sur un cadre formé avec quatre baguettes; nous avons plongé cette toile ainsi tendue dans un bain de cire fondue et, après l'avoir ajustée sur le milieu d'un cadre, nous avons placé ce dernier dans une ruche. Les abeilles ont parfaitement construit des cellules, *à fond plat,* à droite et à gauche. — On peut voir un de ces cadres au cabinet d'histoire naturelle de la Faculté des sciences de Bordeaux.

Mais, que la cloison médiane soit en cire, en bois ou en toile, il est constant que les abeilles n'en font usage qu'avec la plus extrême répugnance et qu'elles ne bâtissent régulièrement sur de pareils cadres que quand elles sont très pressées de construire. Ajoutons qu'elles mettent, en toute saison, beaucoup plus de temps pour édifier des cellules sur des cloisons médianes artificielles que si elles bâtissaient dans le vide; de telle sorte que ce que l'on peut gagner d'un côté est perdu de l'autre. Voilà pourquoi nous ne sommes pas partisan de l'emploi des rayons artificiels, dont nous devions cependant dire quelques mots.

ITALIANISATION DU RUCHER

I. — Les abeilles italiennes. — Il ne suffit pas, si l'on veut faire de l'apiculture rationnelle, de loger des abeilles dans des ruches à cadres mobiles ; il faut encore, et c'est là un point important, s'attacher à n'avoir que des abeilles de bonne race. Ce serait une grande erreur de croire, en effet, que toutes les abeilles possèdent les mêmes qualités ; il en est d'elles comme de toutes les autres espèces d'animaux : les abeilles d'une ruche sont plus laborieuses que celles d'une autre ; les unes sont douces et les autres féroces telle abeille-mère est très prolifique, et telle autre l'est peu, etc. Il faut donc s'attacher à ne multiplier que les bonnes races, et dans ces races les meilleures colonies.

Au nombre des meilleures abeilles figure en première ligne l'*abeille jaune* des Alpes, connue sous le nom d'*abeille italienne.*

Elle se distingue de notre abeille noire par la couleur jaune des trois premiers segments de l'abdomen. Elle est plus douce que l'abeille commune; quand on visite les ruches, elle reste attachée au cadre sans courir comme les autres abeilles (c'est surtout à ce signe qu'on reconnaît la pureté de sa race). Elle est plus laborieuse que nos abeilles ordinaires, et tout porte à croire que son odorat est plus développé; car si l'on place du miel à une certaine distance d'un rucher composé d'abeilles jaunes et de noires, il est certain que les premières qui viendront butiner sur ce miel seront les abeilles jaunes. L'abeille italienne, en outre, se défend mieux contre les pillardes. Ce sont toutes ces qualités qui la font mettre au premier rang par tous les apiculteurs sérieux, méritant réellement ce titre.

L'abeille italienne a cependant ses détracteurs. On lui reproche d'être pillarde et de ne pas conserver la pureté originelle de sa race lorsqu'elle est transportée dans les pays étrangers. — Le premier de ces reproches est absolument gratuit; quant au second, il ne mérite pas plus de créance.

Le seul défaut que nous reprochions aux abeilles italiennes, et il est sérieux, est de se faire féconder par des mâles noirs, s'il y en a dans les environs, de préférence à ceux de sa race; de là des difficultés énormes pour éviter les croisements. Mais nous soutenons que lorsqu'on est éloigné d'un rucher d'abeilles noires, la pureté de la race ne s'altère jamais. Il nous suffira, du reste, de citer un fait à l'appui de notre assertion. En 1853, M. de Baldenstein envoya au Dr Dzierzon, à Carlsmarkt (Silésie prussienne) une abeille-mère de pure race italienne. C'est avec cette unique mère que le Dr Dzierzon, grâce à une sélection intelligente, est parvenu à créer une race supérieure en beauté à celle d'Italie.

D'autres abeilles, dont nous croyons inutile de faire l'énumération, le disputent aux italiennes, au point de vue des qualités prolifiques et mellifères; mais il n'y en a point cependant qui leur soient supérieures, sauf toutefois les abeilles carnioliennes, plus prolifiques; mais cette qualité se trouve détruite par son exagération même, en ce sens que les abeilles carnioliennes dépensent presque tout leur miel à élever du couvain et à produire des essaims, sans rien laisser ou à peu près à l'apiculteur au moment de la récolte.

L'abeille jaune d'Italie tient donc le premier rang dans tout rucher bien organisé. Elle offre en outre l'avantage, grâce à sa couleur, de reconnaître de suite, par les métis qu'elle produit, la mère qui a forligné en s'accouplant avec un mâle noir; ce qui, comme nous le verrons au chapitre de la sélection, est fort important à reconnaître.

Il est indispensable, lorsqu'on veut italianiser un rucher, de faire venir d'Italie plusieurs abeilles-mères fécondées. Nous disons plusieurs, et non pas une seule; car, bien que toutes les mères qu'on reçoit soient généralement jeunes et fécondées, il s'en faut de beaucoup qu'elles possèdent toutes les mêmes qualités. Toutes, il est vrai, sauf de rares exceptions, sont généralement supérieures à nos abeilles communes; mais il n'en existe pas moins des différences très notables entre des mères italiennes d'un même envoi, fournies par le même apiculteur.

Il est donc important, si l'on veut ultérieurement soumettre son rucher à une sélection sérieuse, d'avoir sous la main plusieurs sujets destinés, non seulement à conserver la pureté de la race, mais encore à perfectionner ses qualités.

II. — ADOPTION DES MÈRES ÉTRANGÈRES FÉCONDÉES. — Les mères italiennes sont expédiées dans de petites boîtes, où elles sont renfermées avec une poignée d'abeilles qui leur tiennent compagnie. Les boîtes à transport sont de deux dimensions; les plus grandes, qui sont destinées à faire de grands parcours, sont expédiées par chemin de fer; les autres, qui sont fort petites, sont expédiées par la poste lorsque le trajet doit s'effectuer en deux ou trois jours.

On doit recommander expressément à l'expéditeur de ne pas faire partir les boîtes qui contiennent les mères avant d'en avoir prévenu le destinataire quarante-huit heures à l'avance, afin qu'il ait le temps de se préparer à les recevoir. Ces préparatifs consistent à visiter les ruches qu'on veut italianiser afin de rechercher les mères noires qu'on veut remplacer par les italiennes. On ne peut espérer, en effet, de faire adopter une mère étrangère par des abeilles, tant que la mère commune existera dans la ruche. Or, si l'on attend au dernier moment pour rechercher cette dernière, on peut fort bien ne pas savoir la découvrir à l'arrivée de l'autre; ce qui oblige à retarder l'opération et, par contre, à prolonger la captivité de l'abeille étrangère qui est enfermée dans sa boîte à transport. Il est donc très prudent de s'y prendre à l'avance pour trouver la mère noire; ce qui permet, avant l'arrivée de la mère étrangère, de faire une seconde visite pour chercher la noire, si la première recherche a été infructueuse.

Sitôt qu'on a trouvé la mère noire qu'on veut supprimer, on l'enferme, comme il a été dit ailleurs, dans un étui en toile métallique, à mailles assez larges, ne permettant pas toutefois aux abeilles d'y entrer.

On place l'étui, avec la mère noire, entre deux cadres à couvain renfermant également du miel, et on referme la ruche. — On est ainsi parfaitement assuré, quand la mère étrangère arrivera, de pouvoir à l'instant supprimer la mère noire. Nous conseillons d'emprisonner la mère noire au lieu de la tuer, parce que, si l'on rendait trop tôt la ruche orpheline, les abeilles adopteraient immédiatement de jeunes larves pour les transformer en mères, ce qui rendrait l'adoption de l'étrangère plus difficile.

Lorsque cette dernière est arrivée, on s'enferme avec la boîte qui la contient dans une chambre fermée pour éviter de perdre la mère étrangère qui, parfois, s'envole lorsque la boîte est ouverte. Dans ce cas, fort rare du reste, elle va buter contre les vitres de l'appartement, où il est très facile de la prendre.

Pas n'est besoin d'enfumer les quelques abeilles qui sont dans la boîte pour chercher la mère; leur longue captivité les a rendues parfaitement inoffensives.

On cherche la mère dans le tas; on la saisit très délicatement entre le pouce et l'index, en prenant bien garde de la blesser, et on lui coupe, avec les petits ciseaux dont se servent les brodeuses, les deux ailes d'un même côté. De cette façon, on est certain que cette mère ne disparaîtra pas avec un essaim naturel qu'on aura eu la maladresse de laisser se produire.

La mère étrangère est ensuite enfermée seule, *sans abeilles*, dans un étui en toile métallique semblable à celui dans lequel se trouve la mère noire. Cela fait, on ouvre la ruche; on enlève l'étui qui contient la mère noire; on lui substitue celui qui renferme la mère étrangère, en ayant soin, toutefois, de le faire mordre un peu dans le miel du cadre, qu'on égratigne, pour que, dans les premiers moments, la mère étrangère puisse facilement le lécher à travers les mailles de sa cage; on referme la ruche et on tue la mère noire. Jusqu'ici, pas de difficulté. Le premier apiculteur venu peut faire les opérations aussi simples que faciles que nous venons de décrire. Il n'en est malheureusement pas de même pour ce qui va suivre; aussi engageons-nous les apiculteurs qui voudront italianiser leur rucher à se conformer très exactement à nos indications; elles leur permettront de reconnaître par des signes extérieurs si une abeille-mère, étrangère et captive, a été ou non adoptée par l'essaim.

Une heure environ après que la colonie a été rendue orpheline et qu'elle a reçu la mère étrangère enfermée dans sa cage, les signes de l'orphelinat se manifestent sur la planchette de vol; en d'autres termes, cette planchette est encombrée d'abeilles qui courent en tous sens pour chercher la mère supprimée.

Si le soir du même jour, vers neuf ou dix heures, on écoute attentivement au guichet de la ruche, on entendra d'abord un fort bruissement, et, à la fois, les intonations plaintives des abeilles orphelines, en même temps que le bruit sec et strident de quelque ouvrière en colère.

Ainsi donc, en dehors des intonations de colère, les phénomènes qu'on constate lorsqu'une ruche devient orpheline se produisent aussi, d'une façon parfaitement analogue, malgré l'introduction immédiate dans la ruche d'une mère étrangère; ce qui s'explique, du reste, par cette raison bien simple que, cette dernière n'étant pas encore adoptée, les abeilles, tout à la douleur d'avoir perdu leur reine, font entendre l'intonation funèbre qui annonce l'orphelinat. Quant aux notes qui indiquent l'irritation, et qu'on n'entend pas dans les ruches qui deviennent orphelines dans les conditions ordinaires, elles sont provoquées par la présence de la mère étrangère prisonnière.

Le bruit insolite dont nous venons de parler diminue insensiblement de jour en jour, quelquefois d'heure en heure, de minute en minute, et il finit par cesser au fur et à mesure que la mère étrangère est adoptée par un nombre croissant d'ouvrières. C'est donc à l'aide de ces indices qu'il est permis de reconnaître, sans même ouvrir la ruche, le moment précis où la liberté peut être donnée sans imprudence à l'étrangère. Il suffit, pour cela, d'écouter tous les soirs, vers neuf ou dix heures, au guichet de la ruche, jusqu'à ce que cette dernière ne produise plus que le bruissement régulier et tranquille qu'on entend aux guichets des autres colonies.

Ce moment de calme est plus ou moins court, plus ou moins long à se produire. Au printemps, l'adoption peut être à peu près instantanée. Il est, toutefois, prudent d'attendre au moins vingt-quatre heures avant de délivrer la mère, car si elle est attaquée, à sa sortie de prison, par un groupe d'abeilles hostiles, elle peut être tuée sous les yeux mêmes de l'apiculteur. Il est très rare, au printemps, qu'on soit obligé d'attendre quarante-huit heures avant d'ouvrir la cage à la nouvelle reine; un jour suffit d'habitude pour mener à bien l'opération.

L'adoption est plus longue et plus difficile à l'automne; il faut quelquefois quatre et cinq jours avant de pouvoir délivrer la mère. Voilà pourquoi il est prudent de placer la cage contre du miel égratigné, afin que la prisonnière puisse se nourrir elle-même, si les ouvrières, qui lui donnent de la nourriture sitôt qu'elles l'ont adoptée, lui sont trop longtemps hostiles.

Lorsque la tranquillité s'est rétablie dans la colonie, on ouvre la ruche et on examine l'attitude des abeilles qui se trouvent sur le rayon auquel est attaché l'étui qui renferme la mère. Si ces abeilles courent en tous sens sur la cage, en ayant les ailes écartées, refermez la ruche et renvoyez à plus tard la mise en liberté de la prisonnière; ce sont là des signes non équivoques d'irritation, qui prouvent que votre oreille, encore peu exercée, ne vous a pas permis de saisir les signes extérieurs qui vous eussent indiqué le même résultat.

Si, au contraire, la cage de la mère est couverte d'abeilles au repos qui ne manifestent aucun sentiment d'hostilité, il suit de là que l'étrangère est adoptée, sinon par toute la colonie, du moins par une partie des abeilles.

Malgré ce calme apparent, la mère peut, en effet, ne pas être définitivement adoptée par tout l'essaim; il arrive souvent, surtout à l'automne, qu'une partie de l'essaim a adopté la mère étrangère, tandis que l'autre, peu sympathique à la nouvelle venue, est en train de transformer des vers en mères.

Il est donc prudent, avant de délivrer la reine, et cela malgré tous les signes de tranquillité que peuvent présenter les abeilles, de visiter avec soin tous les cadres de la ruche, afin de détruire tous les alvéoles maternels en formation qui peuvent s'y trouver.

Si l'on n'en a aperçu aucun, on peut immédiatement délivrer la mère, qui sera aussitôt entourée et léchée par les ouvrières. Si l'on a trouvé des alvéoles maternels, il est prudent de retarder d'une heure ou deux la délivrance.

Si l'on suit exactement les indications que nous venons de

donner, on peut être assuré de ne pas perdre une seule mère et de les faire toutes adopter, quels que puissent être leur nombre et la saison.

Immédiatement après sa délivrance, la mère commence à pondre, du moins si la saison le permet. Vingt et un jours après, les jeunes abeilles italiennes sortent de leur berceau pour se montrer sur les cadres ; leur nombre augmente sans cesse et finit par devenir plus considérable que celui des noires, qui diminue tous les jours, pour disparaître tout à fait deux mois après si l'on est dans la belle saison, et cinq ou six mois plus tard si l'adoption a eu lieu au moment de l'hivernage.

Les ruches ainsi italianisées formeront les souches qui, au printemps suivant, permettront d'italianiser le reste du rucher.

SÉLECTION APICOLE

I. — Théorie de Darwin appliquée a l'apiculture. — Avant d'aborder le chapitre relatif *à l'élevage des jeunes mères,* qui permettra d'italianiser le reste du rucher avec les souches mères obtenues par l'introduction des reines étrangères, nous devons préalablement, pour être bien compris, consacrer un chapitre à la sélection, base de toute bonne et fructueuse exploitation apicole.

La reproduction par sélection des meilleures races d'abeilles offre un avantage incontestable sur la reproduction naturelle des espèces abandonnées à l'état de nature. Il est hors de doute que, grâce à un choix judicieux d'animaux destinés à la reproduction, grâce aussi aux soins de toute nature qu'on prodigue aux jeunes sujets qu'on élève, on parvient à transformer des races qui, dérivant cependant d'une souche commune, fournissent toutefois des rejetons doués de qualités supérieures à leurs aïeux.

Les races ont du reste en général une tendance naturelle à se perfectionner, alors même qu'elles sont livrées à leur simple nature. Ce phénomène a été observé par une foule de savants, notamment par Darwin, qui a indiqué les lois naturelles sur lesquelles il repose. Ces lois, qui doivent servir de règle en matière de sélection, sont au nombre de trois : *La différence individuelle, l'hérédité, le combat pour l'existence.*

Il n'entre pas dans notre cadre de traiter avec tous les développements qu'elle comporte la théorie de Darwin. Nous dirons seulement que Darwin, pour établir sa doctrine, s'est basé sur ce fait : qu'il n'existait pas dans la nature deux êtres vivants absolument pareils, et que certaines propriétés (qualités ou défauts du père ou de la mère dont a hérité le fils) ne sont jamais absolument les mêmes, ces propriétés héréditaires subissant toujours d'une manière fatale des modifications quelconques.

Ces modifications sont dues à l'influence d'une infinité de causes ou agents auxquels se trouve soumis le nouvel individu; agents qui l'obligent à mettre son organisme en rapport avec les éléments qui agissent autour de lui ; en d'autres termes, avec le milieu dans lequel il se meut. Il suit donc de là, comme le dit Darwin, que *l'influence de la vie extérieure doit prendre rang à côté de l'hérédité et de la différence individuelle.* Conséquemment la nourriture, l'habitation, le climat, etc., sont autant d'agents précieux mis à notre diposition pour modifier l'organisme de certains sujets.

Telles sont, bien entendu en raccourci, quelques-unes des célèbres doctrines de Darwin. Elles vont nous servir de base pour établir les règles d'une bonne sélection apicole.

Le Dr Heller, président de la Société d'apiculture de Vienne (Autriche), avait déjà eu l'idée, en 1876, d'appliquer les théories de Darwin à l'apiculture. Son travail, toutefois, demeura incomplet; car, après avoir fait deux conférences, fort remarquables du reste, dans la grande salle de l'Université de Vienne, sur la théorie de Darwin, il se borna à indiquer l'hérédité comme le seul agent dont on dût tenir compte en matière de sélection apicole. Le conférencier ne semblait pas se douter qu'en dehors des choix judicieux à faire des souches l'apiculteur peut encore exercer son action sur certains agents extérieurs. Le Dr Heller, à notre avis, a donc laissé une lacune importante qu'il importe de combler. C'est précisément là ce que nous allons essayer de faire.

Des principales règles citées par Darwin, sur lesquelles reposent les principes de la reproduction naturelle des êtres, l'hérédité n'est pas, tant s'en faut, même en apiculture, le seul agent sur lequel l'éleveur puisse exercer son influence; sa volonté peut encore agir, dans une certaine mesure, sur d'autres agents extérieurs. Quant à nous, nous demeurons convaincu qu'en matière de sélection apicole, l'éleveur doit tenir compte de ce qui suit : 1° *de l'hérédité;* 2° *de l'âge des mères;* 3° *de la grandeur des alvéoles maternels;* 4° *de la quantité de bouillie royale administrée aux larves appelées à devenir des mères fécondes;* 5° *de la beauté des élèves.*

II. — L'Hérédité. — Tout comme le Dr Heller, nous attachons une importance de premier ordre à la transmission des qualités héréditaires. Nous allons même plus loin que lui sur ce point; car nous ne demandons plus rien à une souche, même très bonne, qui a fourni des rejetons présentant quelque fâcheux cas d'atavisme indiquant une dégénération qui, quoique accidentelle, pourrait entraîner la dégénérescence du rucher. Toute abeille-mère, qui a donné une seule fois un pareil produit est mise, par nous, ainsi que tous ses rejetons, au rang des souches qui ont *forligné*. A plus forte raison nous donnerons-nous bien de garde de classer au nombre des souches qui doivent nous fournir de jeunes mères, des essaims faibles dont les abeilles sont paresseuses, des colonies méchantes, ou celles qui essaiment avant d'avoir complètement rempli la ruche ; en d'autres termes, celles qui, trop portées à élever un nombreux couvain, et par suite à essaimer, se montrent peu portées à construire de nouveaux rayons. De pareilles ruches, au rang desquelles nous plaçons les carnioliennes, donnent de nombreux essaims, mais jamais de récolte mellifère hors ligne.

III. — Age des mères. — Un animal jeune et vigoureux donne généralement de plus beaux produits qu'un autre trop avancé en âge. Nous choisirons donc de jeunes mères pour fournir des reines à nos ruches. Nous ne les prendrons pas à l'âge d'un an, parce que ce temps est insuffisant pour apprécier les qualités d'une abeille-mère. Nous attendrons qu'elles aient atteint leur seconde année, parce qu'à cet âge les mères ont eu le temps de faire leurs preuves en fournissant le maximum de leur ponte, qui, elle surtout, nous permet de juger de leur valeur.

IV. — Grandeur des alvéoles maternels. — La grandeur du berceau exerce une très grande influence sur le développement des formes des mères. Nous choisirons donc toujours les plus beaux alvéoles, et nous supprimerons les petits, qui généralement ne donnent que de petites mères. Nous avons déjà vu que les mères trop petites ne peuvent pas toujours se faire féconder ; aussi sont-elles parfois bourdonneuses. Elles peuvent être très prolifiques ; mais elles sont toujours plus difficiles à voir que les autres au milieu des abeilles avec lesquelles elles se confondent plus facilement. C'est pour ces différentes causes qu'on doit toujours sacrifier les petits alvéoles.

V. — Quantité de nourriture. — Dans les circonstances ordinaires, les larves destinées par les abeilles à devenir des mères reçoivent pendant cinq jours une nourriture plus substantielle que celle qui est donnée aux autres vers. On se souvient que cette nourriture s'appelle *de la bouillie royale.*

Les abeilles qui deviennent brusquement orphelines, et qui sont pressées de remplacer la mère qui a disparu, adoptent presque toujours des vers de moins de trois jours, quelquefois de plus âgés. Ces vers, qui sont operculés par les abeilles le sixième jour après l'éclosion, n'ont pas reçu la bouillie royale pendant le même temps que les jeunes mères élevées dans des conditions régulières. Il importe donc de veiller avec soin à ce que les jeunes mères aient reçu pendant cinq jours la bouillie royale. Quelques apiculteurs, il est vrai, soutiennent que *la bouillie royale* n'est administrée que pendant trois jours aux larves, et que, dès lors, il importe peu que les abeilles adoptent un œuf ou un ver de moins de trois jours. Tel n'est pas notre avis, que nous basons sur l'observation de ce fait : un ver d'un jour, dont l'alvéole a été transformé dès le début, nage dans une plus grande quantité de bouillie qu'un ver de même âge élevé dans une cellule ordinaire d'ouvrière; nous en concluons que, dans les circonstances ordinaires, la nourriture royale se donne pendant cinq jours aux larves appelées à devenir mères. Pour s'assurer que tous les alvéoles qu'on veut conserver renferment des larves ayant reçu pendant tout ce temps la bouillie royale, il suffit de visiter la ruche le cinquième jour de l'orphelinat et de supprimer tous les alvéoles qui sont déjà operculés, en ne laissant que ceux qui sont encore ouverts.

Il existe, du reste, un moyen fort simple d'empêcher les abeilles d'adopter des larves déjà avancées en âge. Il consiste à placer un cadre à brèche, dont les cellules sont vides, au milieu de la ruche dont on veut multiplier l'espèce. Ce cadre, se trouvant placé sur le milieu du couvain, est aussitôt rempli d'œufs par la mère Trois jours après, on retire ce cadre, dont les œufs n'ont pas encore eu le temps d'éclore, et on le donne à un essaim artificiel, qui, en dehors de ce cadre, ne devra posséder que des cadres à miel, des cadres vides, ou ne contenant que *du couvain déjà operculé.* Ainsi, privé de larves, l'essaim ne pourra adopter que celles qui seront nées depuis l'orphelinat et qui, par suite, recevront pendant cinq jours la bouillie royale.

VI. — Beauté des sujets. — Malgré toutes les précautions qu'on peut prendre pour n'avoir que de beaux sujets, il s'en faut de beaucoup que toutes les jeunes mères possèdent la même perfection de formes et les mêmes couleurs, alors même qu'elles proviendraient d'une même ponte. Sur une quinzaine de mères ayant la même origine, sorties d'alvéoles de même grandeur et simultanément élevées par le même essaim, cinq ou six au plus réunissent toutes les conditions voulues pour améliorer la race. Elles se distinguent facilement des autres par la longueur et la grosseur de leur abdomen, ainsi que par la largeur des bandes jaunes des trois premiers segments. La couleur jaune doit être brillante et un peu foncée. La majeure partie des autres mères aura des couleurs plus ternes et d'un jaune clair ; quant aux formes, elles seront plus grêles.

Comme on le voit, il importe de faire un triage rigoureux après la naissance des mères. L'emploi d'une *couveuse apicole* est tout à fait indispensable pour faire un pareil triage.

VII. — Couveuse apicole. — La meilleure couveuse, à notre avis, a été importée d'Allemagne par M. E. Drory, le vulgarisateur de l'apiculture mobiliste en France.

Les dimensions de cette couveuse ont été calculées d'après celles de nos ruches de 30 centimètres sur 40 centimètres. Elle se compose d'un cadre en bois dont les montants ont 365 millimètres de haut sur 285 de large. La profondeur du cadre est de 3 centimètres. L'intérieur est divisé, à l'aide de planchettes minces de 3 centimètres de large, en 15 compartiments ou casiers, de 64 millimètres de haut sur 85 de large, de l'intérieur à l'intérieur. Ces casiers sont fermés, d'un côté par une vitre, et de l'autre par de petites portes en bois d'une épaisseur de 6 millimètres faisant saillie sur les montants du cadre. Elles jouent sur de petites charnières et sont maintenues fermées à l'aide d'une pointe recourbée. L'ensemble forme donc 15 boîtes, indépendantes les unes des autres, destinées à l'éclosion des mères.

La couveuse s'introduit dans les ruches comme les cadres ordinaires : elle est suspendue dans les rainures par deux oreilles et l'écartement avec les cadres s'obtient, comme à l'ordinaire, soit à l'aide de bandes de zinc, soit en enfonçant sur les côtés des montants des pointes faisant saillie d'un centimètre.

Voici, maintenant, comment on fait usage de la couveuse apicole:

Treize jours après la formation de l'essaim artificiel, c'est-à-dire quand les alvéoles sont bien mûrs, on visite soigneusement la ruche qui renferme les alvéoles maternels. Cette visite ne peut être différée sous aucun prétexte, car il est indispensable de prévenir toute naissance de mère qui pourrait se produire le lendemain et provoquer la destruction des alvéoles; en d'autres termes, la visite doit avoir lieu du treizième au quatorzième jour à partir de l'éclosion, du seizième au dix-septième à partir de celui de la ponte

A ce moment on coupe, tout autour de chaque alvéole, en laissant ce dernier au milieu, une tranche carrée du rayon qui les supporte, soit 2 centimètres environ de large sur 4 ou 5 de haut. On doit laisser un alvéole à l'essaim pour qu'il puisse se donner une mère.

Il faut éviter qne les alvéoles ainsi détachés ne puissent se refroidir. A cet effet, il est bon de les placer, au fur et à mesure qu'on les détache des cadres, au milieu d'une toile en drap de laine qu'on enferme, par surcroît de précaution, dans une boîte.

Lorsqu'on a détaché tous les alvéoles, on en place un dans chacun des casiers de la couveuse apicole, en ayant soin de conserver à l'alvéole maternel sa position naturelle, qui est d'avoir la pointe dirigée vers le bas.

Une fois que la couveuse se trouve ainsi garnie d'alvéoles, on la confie pour la réchauffer à un fort et vigoureux essaim, auquel il n'est nullement nécessaire d'enlever la mère. (L'essaim artificiel qui a fourni les alvéoles n'aurait pas assez de puissance pour réchauffer convenablement les alvéoles détachés et enfermés dans la couveuse. Les mères naîtraient avec de grands retards et souvent fort mal.) — On place la couveuse, sur le milieu de la ruche choisie, entre deux cadres à couvain, le côté vitré faisant face à la porte par où on l'a introduite, de manière à pouvoir jeter un coup d'œil dans chaque casier, sans retourner la couveuse, lorsqu'on retire les cadres placés entre elle et la porte de la ruche.

A partir du jour qui suit cette dernière opération, il faut examiner la couveuse matin et soir, jusqu'à ce que toutes les mères soient nées; ce qui peut durer deux ou trois jours, quelquefois même davantage. (La naissance se trouve retardée parce que les alvéoles, n'étant plus en contact direct avec les abeilles, n'absorbent plus autant de chaleur. Voilà pourquoi on doit retarder jusqu'au dernier moment, c'est-à-dire jusqu'au treizième jour, pour les mettre dans la couveuse.)

Au fur et à mesure des naissances, on retire les jeunes mères pour les placer dans un étui en toile métallique. Quelques apiculteurs, pour se dispenser de visiter la couveuse deux fois par jour, mettent un petit morceau de rayon de miel dans chaque casier pour que la jeune mère puisse se nourrir. Cette précaution a plus de mauvais que de bon, en ce sens que les jeunes mères s'engluent presque toujours. Il vaut donc mieux visiter la couveuse deux fois par jour et retirer les mères au fur et à mesure de leur naissance pour les faire adopter par des essaims artificiels spéciaux, dont nous allons parler.

VIII. — Adoption et fécondation des reines vierges dans des ruchettes. — Il est très difficile de faire adopter, même par un essaim artificiel, les jeunes mères qui viennent de naître. Il est indispensable, pour opérer à coup sûr, lorsque les jeunes mères ne sont pas fécondées, que l'essaim se trouve dans l'impossibilité absolue d'élever une mère. Il suffit, pour atteindre ce but, de faire des essaims artificiels auxquels on ne donne que des cadres à brèche sèche, du miel et du couvain operculé. C'est à de pareils essaims qu'on confie les jeunes reines vierges, bien entendu en les enfermant dans un étui; encore ne réussit-on pas toujours à les faire adopter.

Quoi qu'il en soit, à part les œufs et les larves qui doivent être soigneusement éliminés, les essaims artificiels destinés à adopter les reines vierges se font exactement comme les autres. Il en est de même des règles à observer relativement à l'adoption, qui peut, quoiqu'on soit au printemps, être retardée de quatre jours.

Ces essaims doivent être transportés à plus de 3 kilomètres de tout rucher pour éviter que les reines vierges ne se fassent féconder, soit par des mâles noirs, soit même par des mâles jaunes provenant de ruches dont on n'est pas très satisfait. Aussi est-il nécessaire, lorsqu'on fait les essaims artificiels, soit d'éliminer soigneusement les mâles qui ne proviennent pas des ruches dont on veut avoir la race, soit de ne faire ces essaims qu'avec les ruches de premier ordre, c'est-à-dire, en termes techniques, *racées.*

Si les essaims artificiels ne possèdent pas de mâles, on porte avec ces essaims, au rucher *dit de fécondation,* la ruche dont on veut avoir la race.

Lorsque les jeunes mères ont été adoptées et fécondées, ce que l'on reconnaît à la ponte, qui commence deux jours après la fécondation, on rapporte les essaims au rucher.

Si l'on veut augmenter le nombre de ses ruches, on les met à une place quelconque pour les fortifier.

Si l'on veut remplacer une mère du rucher par une des jeunes mères qui viennent d'être fécondées, on transporte la ruche qui contient le jeune essaim à côté de celle qui possède la mère à remplacer, en rapprochant le plus possible les trous de vol des deux ruchers, et, vingt-quatre heures après, on fait une réunion en observant les règles indiquées pour ce genre d'opération.

Les ruches destinées à la fécondation des reines vierges et à être transportées du rucher principal au rucher de fécondation, et *vice versa,* doivent être fort petites, en bois mince et contenant trois ou quatre cadres au plus; aussi leur a-t-on donné le nom de *ruchettes.*

TRAVAUX APICOLES D'AUTOMNE

I. — Provisions d'hiver. — Avant de songer à lui, un bon apiculteur doit toujours penser à ses abeilles. A cet effet, il commence par faire leur part avant de faire la sienne, c'est-à-dire sa récolte. Il importe donc de savoir ce que les abeilles peuvent consommer jusqu'à la flore suivante. On évalue cette consommation à huit kilos de miel environ, par ruche, pour les bonnes colonies; toutefois, si le printemps se trouve retardé, comme en 1879, cette quantité peut se trouver insuffisante. Il ne faut pas perdre de vue, à cet égard, que ce n'est pas précisément pendant l'hiver que les abeilles consomment le plus de miel. La plus grande consommation a lieu à la sortie de l'hiver, lorsque la mère a commencé sa ponte. L'élevage du couvain absorbe alors une quantité considérable de nourriture, qui ne tarde pas à épuiser les provisions si ces dernières ont été données avec trop de parcimonie, ou que les fleurs du printemps tardent trop à fournir du miel nouveau aux abeilles. C'est donc en prévision d'une flore trop tardive qu'il est toujours prudent de porter à douze kilos de miel, par forte ruche, la provision d'hiver.

Un cadre qui a $0^{m},30$ sur 0 ,40 pèse en moyenne quatre kilos deux cent cinquante grammes, quand il est plein de miel operculé. En évaluant à deux cent cinquante grammes environ le poids du cadre et de la cire, on peut compter exactement quatre kilos de miel par cadre bien plein. Ainsi donc, trois cadres bien remplis, du haut en bas, de miel operculé, suffiraient à la rigueur pour l'hivernage d'une colonie. Mais il est important de ne pas laisser dans les ruches, du moins pendant l'hiver, des cadres entièrement remplis de miel; car les abeilles, qui se groupent au haut de la ruche quand il fait froid, ont besoin d'avoir le miel à portée; aussi mourraient-elles souvent de froid si elles étaient obligées de se détacher du groupe et de descendre sur le bas des cadres pour aller manger. D'autre part, le bas des cadres n'étant pas réchauffé, pendant l'hiver, par les abeilles, le miel qui s'y trouve est exposé à moisir. Voilà pourquoi il est prudent, au lieu de se borner à donner trois cadres bien garnis de miel aux abeilles, de leur en laisser de préférence six à moitié pleins et garnis sur le haut.

Il est encore indispensable de ne laisser aux abeilles que du miel operculé, et d'enlever par suite celui qui ne l'est pas encore ; car ce dernier ne pourrait plus l'être, étant donnée la saison avancée où l'on se trouve (fin septembre ou commencement d'octobre). Le miel non operculé est généralement placé sur le bas des cadres ; aussi pourrait-il être abandonné par les abeilles s'il survenait des froids avant qu'il ne fût consommé. Dans ce cas, ce miel pourrait fermenter, devenir acide, et occasionner la dyssenterie, vers la fin de l'hiver, lorsque les abeilles descendraient du haut de la ruche.

Il n'est malheureusement pas toujours possible de trouver un nombre suffisant de cadres, à moitié garnis de miel operculé, pouvant convenir à l'hivernage. Dans ce cas, on tranche, avec un couteau, le rayon de miel en deux ; on détache la partie inférieure, qu'on remplace par un morceau de brèche de même dimension découpé sur un cadre à brèche sèche. On assujettit ce morceau de brèche à l'aide de quatre fils de fer, placés horizontalement, deux d'un côté et deux de l'autre, dans les mêmes conditions qu'on attache les fils de fer qu'on place, au contraire, dans un sens vertical, lorsqu'on transvase un essaim d'une ruche commune dans une ruche à cadres. Comme ici le morceau de brèche bouche exactement le vide qu'on a fait dans le cadre à miel, les abeilles l'ont vite soudé, tant aux montants du cadre qu'au rayon de miel qui se trouve au-dessus.

Il faut encore avoir le soin de choisir pour l'hivernage des cadres qui contiennent du pollen recouvert de miel operculé. Il est très facile de reconnaître ces cadres, lorsque toutefois la cire n'est pas trop vieille, en les plaçant entre son œil et le soleil. On distingue parfaitement les cellules dont le fond est garni de pollen d'avec celles qui ne contiennent que du miel. Il va sans dire que les cadres qui ont encore un peu de couvain doivent toujours être choisis de préférence pour être laissés dans la ruche.

Inutile de dire aussi qu'il n'est pas indispensable qu'un cadre, pour réunir toutes les conditions voulues, soit exactement plein de miel à moitié. Évidemment ce n'est là qu'une moyenne : car un peu plus ou un peu moins ne fait rien à l'affaire.

II. — Récolte. — Lorsque les provisions d'hiver ont été laissées dans une première ruche, on enlève tous les autres cadres. On les utilise pour préparer des cadres à hivernage, comme il a été dit précédemment, de manière à les avoir sous la main dans le cas où on ne trouverait pas, dans une seconde ruche, six cadres convenables pour hiverner cette deuxième colonie. Dans ce cas, c'est la première colonie qui fournirait à la seconde de quoi compléter son hivernage, de même que la seconde, le cas échéant, en fournirait à la troisième et ainsi de suite.

Et cela dit pour ne plus y revenir, voici un point important, relatif à la manière dont on doit faire la récolte, sur lequel nous appelons l'attention de nos lecteurs. Un grand nombre d'apiculteurs ont l'habitude, avant de retirer de la seconde ruche les cadres d'excédent, d'enlever le miel des rayons des cadres de la première. Cette manière de faire est excessivement vicieuse lorsque l'extraction du miel se fait à proximité des ruches. L'odeur du miel attire les abeilles qui, dans leur va-et-vient, finissent par sentir aussi celui des ruches qu'on ouvre et par devenir très fatigantes pour l'opérateur. Pour éviter autant que possible d'être dérangé par les abeilles pillardes, on ne doit pas leur faire sentir l'odeur du miel. A cet effet, lorsqu'on a enlevé à une ruche les cadres d'excédent qui constituent la récolte de l'apiculteur, il faut replacer immédiatement tous ces cadres dans leur ruche, en les séparant toutefois, à l'aide des planches de partition, de ceux qu'on laisse aux abeilles.

De cette manière, on ne vide pas les ruches ; mais on se contente, tout d'abord, de séparer, à l'aide de portes vitrées, les provisions des abeilles de celles qui sont destinées à l'apiculteur. Toutefois, lorsqu'on procède ainsi, il faut soigneusement boucher avec du papier, qu'on tasse avec la pointe d'un couteau, toutes les fissures qui peuvent exister entre les portes de partition et les parois intérieures de la ruche. Si l'on négligeait de prendre cette précaution, les abeilles passeraient par ces fissures pour enlever une partie du miel réservé pour la récolte et le transporter sur les cadres d'hivernage qui se trouvent, sur le milieu de la ruche, entre les deux cadres de partition.

Il est donc indispensable que les cadres d'excédent soient protégés : 1° par les cadres de partition contre les abeilles de la ruche ; 2° par les portes extérieures contre les pillardes du dehors.

Lorsque, dans toutes les ruches, les cadres d'excédent ont ainsi été isolés des provisions destinées à l'hivernage des abeilles, la plus ennuyeuse besogne est terminée. Ce qui reste à faire est du ressort des manœuvres ; car, sans déranger de nouveau les abeilles et sans provoquer le pillage, le premier ouvrier venu pourra, tout à son aise, enlever aux rayons leur miel à l'aide du mello-extracteur.

III. — Mello-extracteur. — Un des plus grands avantages que présente l'emploi des cadres mobiles est celui qui résulte de la possibilité d'extraire le miel des rayons sans fondre la cire ; cette possibilité permet de rendre les rayons vides aux abeilles qui, dispensées d'en construire d'autres, gagnent un temps précieux, économisent le miel qu'elles seraient obligées de transformer en cire et, conséquemment, produisent beaucoup plus. L'extraction du miel s'opère en soumettant les rayons à l'action de la force centrifuge. L'appareil qui sert à développer cette force est connu en apiculture, sous le nom de *mello-extracteur*. Il constitue une nouvelle application de la *turbine* des raffineurs ou de l'*essoreuse* des blanchisseurs et des teinturiers.

L'extracteur se compose d'une petite cuve fixe, en tonnellerie ou en fer-blanc, dans laquelle tourne une lanterne qui présente généralement quatre ou six faces fermées avec un grillage en fil de fer galvanisé. Les rayons de miel, après avoir été préalablement désoperculés à l'aide d'un couteau truelle, sont introduits de haut en bas dans la lanterne et appliqués contre les grillages.

Cette lanterne est munie d'un solide axe vertical et d'une légère charpente en fer, ayant la forme d'un dévidoir, qui relie à l'axe, par le haut et par le bas, chacun des angles formés par les grillages des côtés.

La lanterne reçoit, soit au moyen d'engrenages ou d'un système de volant, soit de poulies, et parfois de disques commandés par une manivelle et un levier, un mouvement de rotation de plusieurs tours par seconde. La force centrifuge développée suffit pour chasser des alvéoles le miel, dont les gouttes viennent battre la paroi intérieure de l'appareil. Ce miel s'écoule par la bonde inférieure de la cuve et tombe dans les vases destinés à le recevoir, après avoir traversé un tamis où sont retenus les débris de cire qui ont pu être entraînés.

On renverse les cadres de haut en bas pour faciliter l'extraction, On sait, en effet, que les cellules sont un peu relevées vers le haut pour empêcher le miel liquide de s'écouler; il est, par suite, tout indiqué de renverser ces cellules pour faciliter l'extraction à l'aide de l'appareil que nous décrivons.

On comprend très bien que les deux côtés du rayon ne se vident pas à la fois; c'est seulement celui qui s'applique contre le grillage qui obéit à l'effort de la force centrifuge. Quant au miel qui se trouve sur le côté opposé du rayon, il est retenu dans les cellules par la cloison médiane, qui finirait par se rompre, et avec elle le rayon, si, au début de l'opération, on imprimait à la lanterne un mouvement de rotation trop énergique. Il est donc nécessaire de tourner modérément la manivelle au début. Sauf à achever ultérieurement l'extraction complète du miel, on doit se borner, tout d'abord, à vider imparfaitement les cellules qui sont appliquées contre les grillages de la lanterne.

Lorsqu'on a vidé aux trois quarts ce premier côté des rayons, on les retourne de façon que les cellules pleines viennent à leur tour s'appliquer contre les grillages. Comme, cette fois, les cellules qui se trouvent du côté opposé sont à peu près vides, on peut, sans crainte de faire briser les rayons, imprimer un mouvement de rotation des plus énergiques et mettre ainsi complètement à sec ce second côté des rayons, qu'on retourne de nouveau pour achever de vider à fond les premiers.

Il est à remarquer que l'extraction du miel, à l'aide de la turbine, n'est pas toujours possible; — les miels vieux, fortement granulés, résistent à tous les efforts; il en est de même de certains miels d'origine spéciale, qu'on trouve notamment dans certaines contrées des landes voisines du golfe de Gascogne. Ajoutons que le pollen résiste aussi à l'extracteur et reste dans les cellules. Disons enfin, que, pour faciliter l'extraction du miel, il est indispensable de n'opérer que pendant une journée chaude, ou dans un appartement bien chauffé.

Il ne faut jamais perdre de vue, lorsqu'on se sert de l'extracteur, qu'il est indispensable de bien équilibrer la charge de l'appareil. Pour que l'instrument fonctionne bien, un rayon très lourd, placé contre l'un des grillages de la lanterne, doit toujours faire équilibre à un rayon d'un poids équivalant exactement placé, en face, contre le grillage opposé.

Une différence trop sensible dans le poids d'un côté de la lanterne provoquerait des oscillations d'autant plus fortes que la vitesse serait plus grande.

Il existe une infinité d'extracteurs. Nous nous bornerons à donner les deux modèles qui, à notre avis, sont les plus simples, les plus commodes et les plus difficiles à se déranger.

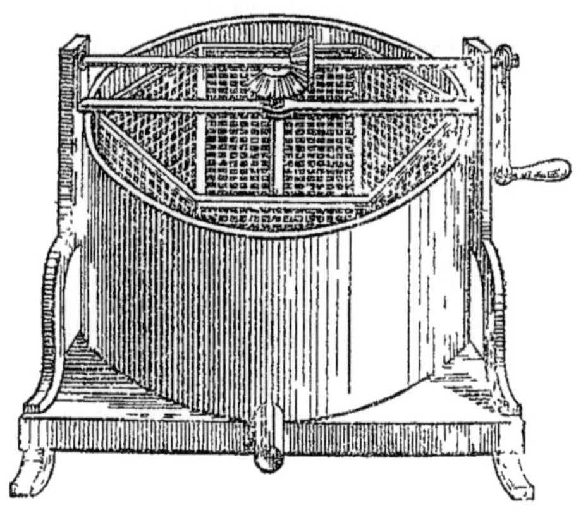

Le modèle ci-contre est connu sous le nom de *mello - extracteur Faure*. La simple inspection de la gravure qui le représente suffit pour en faire comprendre le mécanisme : — Une manivelle met en mouvement un double engrenage, qui imprime à une lanterne hexagonale le mouvement de rotation voulu pour forcer le miel à sortir des cellules.

Cet appareil, comme tous ceux du reste du même genre, présente un triple inconvénient :

1° Il est très pénible à manier; aussi est-il fort utile d'ajouter un volant du côté opposé à la manivelle; ce qui, naturellement, hausse le prix de l'instrument;

2° Il est difficile à démonter et, par suite, à nettoyer;

3° Les engrenages rendent l'instrument fort bruyant lorsqu'il fonctionne et provoquent des secousses très fatigantes pour celui qui fait manœuvrer l'appareil.

On a eu l'idée, pour éviter ce dernier inconvénient, de supprimer les engrenages et d'appliquer aux extracteurs le mouvement de transmission usité pour les turbines des raffineries et les essoreuses employées dans les lavoirs de laine en suint, où les engrenages sont remplacés par deux cônes qui se meuvent l'un contre l'autre à frottement dur. Mais il y a là une complication qui rend le démontage de l'appareil encore plus difficile, en même temps que plus facile à se déranger et plus coûteux.

IV. — Extracteur a disques. — M. L. Roussanne, un des apiculteurs les plus distingués, de Bordeaux, a inventé un extracteur qui, à notre avis, laisse bien loin derrière lui tous les instruments de ce genre.

M. Roussanne avait été frappé des inconvénients que présentent les extracteurs ordinaires, dont le mouvement est commandé, soit par des roues d'engrenage, soit par des poulies et des courroies de transmission. Tous ces appareils, encore une fois, sont fort pénibles à manœuvrer et ne peuvent que difficilement se démonter pour être nettoyés. Or, ne l'oublions pas, la propreté, en apiculture, surtout, est indispensable pour la pureté et la bonne qualité des produits. Les abeilles, il est vrai, enlèvent parfaitement le miel qui reste collé aux parois intérieures de l'extracteur; mais elles sont impuissantes à enlever la poussière et autres saletés qu'on laisse s'introduire dans l'appareil, et qui sont ultérieurement entraînées dans les récipients par le miel qu'on turbine à la reprise du travail.

M. Roussanne se posa donc ce triple problème à résoudre : économie dans la construction, mouvement doux, facilité dans le nettoiement de l'appareil.

La réussite a été complète : M. Roussanne confia son plan à un des plus habiles constructeurs de Bordeaux, M. Briol, dont nous

Mello-extracteur L. Roussanne.

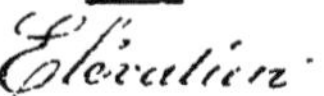

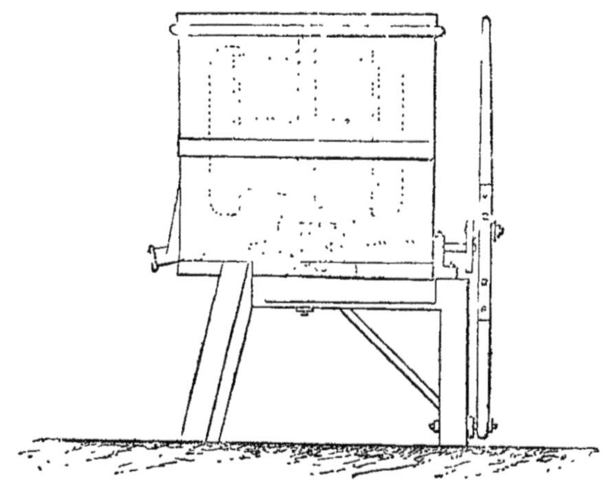

Plan.

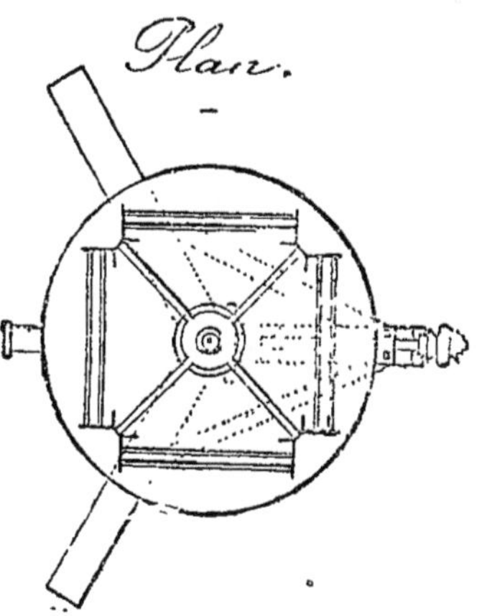

Échelle : 0m 05 pour un mètre.

croyons utile de donner l'adresse (*rue d'Arès, 8, à Bordeaux*), qui a produit un véritable chef-d'œuvre d'élégance et de commodité. En voici la description :

1° Un trépied en bois, au milieu duquel se dresse un arbre vertical en fer, solidement boulonné sur le trépied;

2° Un arbre de couche, placé à plat sur une des traverses horizontales qui relient entre elles les jambes du trépied.

C'est cet arbre qui transmet le mouvement. L'une de ses extrémités, qui est à quelques centimètres de l'arbre central, ou fixe, dont nous avons parlé, est munie d'un disque métallique placé verticalement. A l'autre bout, qui se trouve en dehors du trépied, est ajustée une sorte de bielle, qui est commandée par un levier placé verticalement le long d'un des pieds du trépied;

3° Une cuve ordinaire percée d'un trou sur le fond ; ce qui permet de la poser sur un trépied, en laissant passer au milieu l'arbre fixe du centre (l'arbre de couche ou de transmission se trouve sur le dessous de la cuve, lorsque cette dernière est placée sur le trépied). D'autre part, pour que le miel ne puisse pas s'écouler par le trou central dont est percé le fond de la cuve, ce fond est bombé de manière à éloigner le miel du centre et à le renvoyer contre les parois de la cuve;

4° Un arbre vertical, en fer creux, qui est armé, à sa partie inférieure, d'un disque métallique fixe, placé horizontalement.

Tout autour de cet arbre sont ajustés des supports, destinés à recevoir quatre cadres à miel, qu'on renferme entre deux grillages métalliques ajustés entre eux, par leur partie inférieure, à l'aide de charnières qui maintiennent entre les deux grillages un écartement égal à l'épaisseur des rayons.

Comme on le voit, dans ce genre d'extracteurs, les grillages qui ferment les côtés de la lanterne sont mobiles et à double cloison, de manière à empêcher le rayon de miel qui se trouve entre ces deux cloisons de tomber d'aucun côté.

5° Le dessus de la cuve est fermé par une fermeture en planches bouvetées, au centre desquelles est percé un trou dans lequel vient se loger l'extrémité supérieure de l'arbre vertical qui forme l'axe de l'appareil. Dans le dessus en planche de la cuve est ménagée une porte, munie de charnières, qui se rabat sur la couverture pour donner passage aux cadres qu'on introduit ou qu'on retire de l'extracteur.

Et maintenant, voici comment fonctionne l'appareil : lorsque la cuve est bien nettoyée, on soulève l'arbre creux qui tient les porte-cadres et on l'introduit dans la cuve en faisant glisser l'arbre central dans le creux qui lui sert de gaine. Ce dernier descend jusqu'à ce que le disque horizontal, dont il est armé à sa partie inférieure, vienne reposer sur le disque vertical de l'arbre de transmission.

Cela fait, on place les cadres à miel comme il a été dit et on ferme la cuve avec le couvercle en bois qui, lorsqu'on ne se sert pas de l'instrument, permet d'utiliser l'extracteur comme on le ferait d'une table ronde; car le mouvement se trouvant sous la cuve, le dessus est parfaitement libre. Toutefois, pour donner à l'appareil la solidité nécessaire, il est bon d'ajuster au-dessus du couvercle de la cuve un léger poteau dont la partie supérieure touche au plafond, et dont la partie inférieure, qui repose sur le couvercle de la cuve, est munie d'une vis de pression qui comprime contre terre l'appareil.

On devine le reste : lorsque, à l'aide du levier qui commande à la bielle, on fait tourner l'arbre de transmission, qui glisse entre deux coussinets, le disque dont il est armé tourne lui même en obligeant le disque de l'arbre creux qu'il supporte d'en faire autant; ce qui est facilité par le frottement qui provient du poids même des cadres et d'un peu de poussière de colophane dont on a soin, par temps, de saupoudrer les disques.

Il suffit d'imprimer un mouvement de va-et-vient au levier à bielle, de 20 centimètres environ de parcours, pour obtenir un mouvement de rotation des plus rapides qui, dans l'espace de quelques minutes, suffit pour vider admirablement quatre cadres sans les briser. Comme on le voit, l'appareil de M. L. Roussanne est des plus simples, et il ne peut se déranger en raison même de sa grande simplicité.

V. — Conservation et triage des cadres a brèche. — 1° Un cadre à brèche peut durer un temps indéfini, du moins si l'on prend certaines précautions pour le conserver. La plus indispensable est de bien sécher les cadres en les faisant lécher par les abeilles, qui enlèvent ce qu'a laissé l'extracteur. A cet effet, les apiculteurs ont l'habitude, lorsqu'ils ont retiré le miel des cadres, de les laisser plusieurs jours dans un lieu couvert où on donne accès aux abeilles. Cette pratique est très vicieuse, en ce sens qu'elle excite les abeilles au pillage et provoque le désordre dans le rucher. Nous aimons infiniment mieux replacer les cadres vides dans les ruches, entre les portes extérieures et les planches de partition auxquelles nous enlevons, pour laisser passer les abeilles, les baguettes qui ferment le haut et le bas de ces portes vitrées. De cette façon, les cadres n'étant léchés que par les abeilles d'une même ruche sont séchés, en un ou deux jours, sans qu'il se produise le moindre désordre.

2° Une fois que les cadres ont été bien nettoyés par les abeilles, on les retire de nouveau de la ruche, en ayant le soin de refermer le haut et le bas des planches de partition. Cela fait, on place les cadres, les uns contre les autres, dans des caisses auxquelles on donne les dimensions nécessaires; ajoutons que pour tuer les germes de fausse-teigne qui pourraient se trouver dans les cellules, on brûle un peu de soufre dans les caisses qu'on ferme aussitôt hermétiquement.

Les cadres sont laissés dans ces caisses jusqu'au printemps prochain, époque où ils sont utilisés de nouveau.

3° On n'a sans doute pas perdu de vue qu'on doit, autant que possible, enrayer la production du couvain de mâles. Il ne dépend pas évidemment de l'apiculteur, quoi qu'on en puisse dire, d'empêcher l'abeille-mère de pondre des œufs dont l'éclosion donnerait naissance à des mâles. Nous pensons aussi, comme nous avons eu occasion de l'indiquer, qu'il ne dépend pas de la mère de pondre ou de ne pas pondre des œufs fécondés ou non fécondés. D'après nous, le soin de limiter la production des mâles relève exclusivement de l'instinct des abeilles, qu'on peut mettre jusqu'à un certain point en défaut, en supprimant, sur les rayons, les cellules de mâles; ce qui oblige la mère à déposer les œufs non fécondés dans des cellules destinées à ne servir de berceau qu'à des ouvrières. Or il est constant que la suppression complète de cellules de mâles dans une ruche diminue considérablement la production de ces derniers; d'où nous concluons que les abeilles sont instinctivement portées à enlever des cellules d'ouvrières les œufs non fécondés qui, faute de grandes cellules, ont pu y être déposés par la mère. Encore une fois, la suppression complète des cellules à mâles n'empêche pas la production de ces parasites; mais elle l'amoindrit dans des proportions si notables, qu'on ne saurait trop recommander, lorsqu'on serre les cadres à brèche, d'éliminer tous ceux qui sont à grandes cellules pour les livrer à la fonte.

Si les rayons contiennent seulement quelques cellules de mâles, on découpe la partie du rayon qu'ils occupent pour lui substituer un morceau de rayon, à cellules d'ouvriers, qu'on ajuste comme il a été dit autre part.

VI. — Hivernage. — Ce qu'il reste à faire pour compléter les préparatifs de l'hivernage se réduit à fort peu de chose.

Une ruche bien conditionnée doit être recouverte, sur ses deux côtés, d'une couche de paille bien tassée. Il résulte de là que le haut des ruches est seul exposé au froid, ainsi que les deux extrémités qui ne sont protégées que par les portes. On ne doit donc se préoccuper que de garantir les abeilles contre le froid qui peut venir par le haut et par les joints des portes. A cet effet, nous ne saurions trop recommander l'usage de paillassons, les uns ayant la dimension de l'intérieur des ruches, qu'on applique contre chacune des portes vitrées, dites de partition, et les autres destinés à recouvrir le dessus des ruches. Quelques apiculteurs recommandent de garnir avec de la mousse, ou des feuilles sèches, l'espace vide compris entre les portes extérieures et les portes vitrées. C'est là incontestablement un excellent moyen lorsqu'on peut se procurer de la mousse ou des feuilles sèches; mais si l'on n'a pas eu le soin de bien tasser, soit la mousse, soit les feuilles, il se produit à la longue un affaissement dans le tas en laissant un vide sur le haut, qu'il est surtout indispensable de bien préserver du froid. Voilà pourquoi nous aimons infiniment mieux faire usage des petits paillassons.

Certains apiculteurs préconisent, pour l'hivernage, de pencher un peu les ruches du côté du trou de vol, afin que l'eau qui provient de la condensation des vapeurs qui se dégagent de la ruche puisse s'écouler au dehors, ce qui préserverait les ruches de toute humidité et empêcherait la moisissure des rayons. Ce raisonnement est beaucoup plus théorique que pratique. L'humidité est évidemment une chose fâcheuse, qui peut provoquer la moisissure du bas des rayons; mais nous devons déclarer que certaines années, les ruches que nous avons eu l'idée d'incliner, n'ont pas été plus préservées que les autres. Voilà pourquoi nous ne saurions conseiller une mesure qui est loin d'avoir l'efficacité qu'on lui prête.

En revanche, nous ne saurions trop recommander, dans les hivers froids, de rétrécir le trou de vol, d'un bon tiers pour les fortes colonies et de moitié pour les autres.

Nous recommandons également, lorsque la neige est à craindre, d'enlever la planchette de vol, afin d'éviter qu'elle ne vienne boucher l'entrée et exposer les abeilles, qui seraient ainsi privées d'air, à s'étouffer.

VII. — Conservation du miel. — Le miel se conserve de trois manières principales : en rayons, dans des pots et dans des fûts. Nous allons les passer successivement en revue :

1° On ne conserve en rayons que les miels blancs de premier choix qui sont renfermés dans des cellules nouvelles exemptes de pollen. On conçoit, en effet, qu'il serait fort désagréable pour les gourmets de trouver sous la dent de la vieille cire qui, mastiquée avec le miel, donnerait à ce dernier un mauvais goût, surtout si du pollen se trouvait encore mélangé au miel. — Voilà pourquoi on ne peut conserver pour la table que des rayons blancs de choix de l'année, dont la cire est toujours plus fine que la jaune et surtout que la vieille.

Les apiculteurs de certaines contrées d'Amérique font un grand commerce de miels en rayons, qui sont de plus en plus recherchés par les amateurs. Ces rayons sont généralement fort petits. Les Américains les obtiennent en ajoutant au-dessus des ruches de petites caisses auxquelles on a donné le nom de greniers à miel. Nous avons dit, dans le chapitre que nous avons consacré aux ruches, que nous n'étions pas partisan de ce système de culture sous notre climat, et nous en avons expliqué les raisons. A celles que nous avons déjà données, il est bon d'en ajouter une autre tirée de ce qu'il nous est impossible, en France, de rivaliser avec les Américains pour la production des rayons de miel blanc destinés à la table. — Pour qu'un rayon de miel mérite d'être conservé en nature, il est indispensable qu'il soit absolument blanc, sans présenter sur aucune de ses parties une teinte quelconque d'une autre couleur; en d'autres termes, sans être taché. Or, pour obtenir des rayons uniformément blancs, que les abeilles fabriquent au printemps, il est nécessaire que les mouches puissent les construire et les remplir avec une seule qualité de fleurs (acacia, sparcette, etc.). Nous ne parlons pas des rayons de miel blanc qu'on obtient, en vue d'une exposition, en donnant du sucre aux abeilles. Ceux-là n'ont rien à faire avec l'apiculture industrielle.

Quant aux rayons blancs provenant du miel de fleurs, on ne peut espérer les obtenir que dans les années exceptionnellement mellifères, et jamais sur une grande échelle. Les variations de température qui se produisent habituellement au printemps, interrompent le travail des abeilles qui, forcées de laisser passer la fleur avec laquelle elles ont commencé un rayon, l'achèvent avec une autre qui succède à la première. Il suit de là que, dans les années ordinaires et en dehors de quelques rayons qui font exception, la majeure partie sont multicolores ou tout au moins bicolores, c'est-à-dire impropres à la table. Voilà pourquoi la culture exclusive des rayons de miel blanc pour la table ne peut convenir en France. Toutefois, s'il est impossible d'obtenir, dans nos contrées, que les abeilles ne construisent que des rayons de miel blanc, il est facile de leur faire approprier, pour la table, les parties d'un rayon qui se trouvent dans les conditions voulues. Voici, à cet égard, ce que nous avons imaginé, et qui nous a admirablement réussi.

A l'époque de la récolte, nous mettons de côté les rayons de l'année qui présentent une certaine surface de miel blanc operculé, et nous isolons ces parties des autres. A cet effet, nous faisons construire des cadres, en fer-blanc ou en zinc, ayant dix centimètres de côté sur trois centimètres de profondeur. Nous mettons le rayon à plat sur une table et nous enfonçons le cadre, en zinc ou en fer-blanc, dans la partie blanche du rayon, que nous isolons ainsi des autres. Cette première opération faite, nous relevons le cadre, et pour achever d'enfoncer la bande carrée de zinc, qui fait ici office d'emporte-pièce, sans toutefois détacher le carré de rayon blanc du reste du rayon, nous appliquons de la main gauche, contre un des côtés du carré de rayon blanc circonscrit par la bande de zinc, un carré de bois ayant neuf centimètres et demi de côté; c'est-à-dire pouvant entrer dans le carré de zinc. Le carré de bois sert de repoussoir pendant que, de la main droite, on achève d'enfoncer la bande de zinc dans le rayon, de manière à la faire régulièrement déborder sur les deux faces du rayon. Si la surface occupée par le miel blanc le permet, on place un second carré du zinc à côté du premier, et ainsi de suite. Une fois que toutes les parties blanches des rayons ont été ainsi isolées des autres, on distribue les cadres qui les renferment dans l'intérieur des ruches les plus peuplées. On place ces cadres au milieu d'autres bien pleins, afin que les abeilles ne puissent vider les uns pour en transporter le miel sur d'autres. Trois ou quatre jours après, les abeilles ont parfaitement soudé les petits carrés de miel blanc aux cadres en zinc qui les entourent. Il ne reste plus qu'à les enlever de nouveau de la ruche et à détacher, à l'aide d'un couteau, les carrés de zinc des rayons en respectant les carrés de rayons blancs qu'ils entourent. On nettoie avec un couteau et un chiffon imbibé d'eau les côtés externes des bandes de zinc, et on place ces carrés, côte à côte, dans des boîtes hermétiquement fermées, qu'on peut garnir de deux vitres pour laisser voir les rayons sans les exposer à l'humidité de l'air.

Il est indispensable de maintenir ces petits rayons dans leur position naturelle, qui se trouve indiquée par la direction des cellules, que les abeilles relèvent un peu vers le haut pour empêcher que le miel ne coule. Ajoutons que les boîtes qui contiennent les rayons doivent être placées dans un endroit sec, dont la température ne doit jamais être trop élevée. Dans ces conditions, les rayons se conservent fort longtemps. Chaque carré pèse un kilogramme environ.

2° Quant au miel liquide qu'on veut loger dans des pots ou dans des fûts, il est indispensable de le laisser deux ou trois jours dans des vases ouverts renfermés dans un appartement ayant une température de 10 à 15 degrés centigrades, ni plus ni moins; car le froid et la chaleur peuvent exercer une certaine influence sur la qualité du miel, en ce sens qu'une trop basse température peut l'empêcher de prendre et qu'une trop haute peut provoquer la fermentation.

Après deux ou trois jours de repos, il s'est formé, sur le miel, de l'écume qu'on enlève délicatement avec une cuiller. On transvase ensuite le miel dans les pots. Les meilleurs sont en verre avec couvercle également en verre, parce qu'ils protègent mieux le miel contre l'humidité. Les pots doivent ensuite être placés dans un endroit frais, sec, bien clair et bien aéré. Ces conditions sont indispensables pour faciliter une bonne granulation du miel, en même temps que pour développer sa blancheur. Les endroits obscurs et humides doivent être absolument repoussés. Il est bon de coller une petite bande de papier sur le joint formé par le pot et son couvercle.

Il arrive parfois que le miel prend mal ou ne prend pas du tout, que le fond du pot prend tandis que le dessus devient liquide. Dans ce cas, on doit vider les pots dans un grand vase et fouetter énergiquement le miel avec une spatule en bois. On le transvase de nouveau dans les pots, où il ne tarde pas cette fois à prendre.

3° Lorsqu'on veut loger le miel dans des fûts, on doit choisir des tonneaux en bois de chêne de première qualité après les avoir préalablement éprouvés avec de l'eau bouillante pour s'assurer qu'ils ne coulent pas; car le miel passe même par des fissures qui sont inaccessibles à l'eau.

Quelques apiculteurs, avant de remplir les tonneaux de miel, prennent la précaution de faire bouillir de la cire et de la verser dans les tonneaux, qu'ils roulent dans tous les sens, pour bien enduire toutes les parties.

VIII. — Vin de miel. — M. Petiot de Chamirey a observé, en 1854, que le vin se compose principalement d'eau et d'alcool, qui entrent dans sa composition dans la proportion de 98 pour 100; tandis que les sels, les essences et la matière colorante n'y figurent que pour 2 pour 100. Il a remarqué en outre, que le marc du raisin, après le décuvage, contient encore une très grande quantité de ces matières dont la moins abondante, la matière colorante, pourrait suffire à une ou plusieurs nouvelles cuvées. Il résulte de là que puisque le marc du raisin renferme encore tout ce qui donne au vin le goût, le parfum et la couleur, il suffit d'y ajouter de l'eau sucrée et de provoquer la fermentation pour faire un vin similaire à celui qui a été décuvé. C'est ce que pensa M. Petiot de Chamirey qui, à cet effet, se livra, en 1855, à des expériences concluantes.

Deux auteurs italiens, MM. Sartori et de Rauschenfels, se sont emparés de cette idée et ont soutenu, avec raison, que le sucre du miel (glucose) et le sucre de raisin étant identiques, l'eau miellée semble mieux appropriée à la fabrication des vins de marc que l'eau sucrée avec du sucre de canne ou de betterave.

Les assertions de MM. Sartori et de Rauschenfels nous semblent d'autant plus justes, que le fait se trouve confirmé par les expériences de M. Desproze, de Reims, qui pour développer la mousse des grands vins de Champagne, a eu l'idée de les titrer avec du sirop de miel au lieu de sucre candi. M. Desproze soumit, en 1878, des vins titrés avec du sirop de miel à l'examen de l'Académie nationale, agricole, manufacturière et commerciale, qui reconnut que la qualité de ces vins était supérieure à celle de vins similaires titrés avec du sucre candi.

D'autre part, M. L. Roussanne, de Bordeaux, a fait observer que les marcs non pressés sont préférables aux marcs pressés pour la fabrication des vins de miel. Il a ajouté, avec raison, que les marcs frais peuvent être transportés et conservés quelque temps sans altération, si l'on a le soin de les entonner dans des barriques que l'on défonce pour les emplir et que l'on referme ensuite avec soin en les tenant parfaitement bondées. Il conseille, en conséquence, aux apiculteurs, d'acheter, à l'état frais et avant toute fermentation acétique, les marcs des meilleurs vignobles. En faisant ensuite fermenter de l'eau miellée sur ces marcs mis en cuve, on obtient des vins d'une qualité remarquable.

On doit, autant que possible, verser l'eau miellée sur les marcs aussitôt que le premier vin est écoulé. Quelques heures d'exposition à l'air suffiraient pour que le marc s'échauffe et prenne le goût de *fort* ou devienne acide.

Il est essentiel, disent les auteurs italiens, aussitôt que l'eau miellée a été répandue sur le marc, de brasser toute la masse afin de la rendre aussi parfaitement homogène que possible.

Il est rare que la fermentation ne s'établisse pas d'une façon régulière; mais si elle tardait trop à se produire, ou si, après s'être déclarée, elle se ralentissait, il faudrait réchauffer le contenu de la cuve jusqu'à 35 degrés et ajouter au besoin de la crème de tartre dans la proportion de 250 à 500 grammes par hectolitre.

A cette substance, on peut substituer le même poids de feuilles vertes ou de pousses de vigne pilées, ou bien encore de 50 à 250 grammes de farine de froment.

Si le marc contient *la rafle*, ce n'est pas la matière azotée qui manque, mais les acides. On ajoute alors de 100 à 300 grammes d'acide tartrique par hectolitre.

Les auteurs italiens disent qu'en général il est avantageux de ne pas dérâper; mais que cependant la présence de la râpe prédispose le vin à tourner à l'aigre si, la fermentation finie, on laisse macérer le contenu de la cuve.

A cela M. Roussanne répond qu'il est d'usage, dans la Gironde, de dérâper pour les vins fins et de ne pas dérâper pour les vins communs. « On sait, ajoute-t-il, que les vins faits sur râpe sont toujours durs ou verts et qu'ils sont longs à se faire par suite de la haute dose de tartre et de tannin qu'ils contiennent. Les vins de raisin, même dérâpés, contiennent toujours, dans la Gironde, suffisamment de tartre et de tannin pour être de bonne garde : mais on peut pressentir que le vin de miel, dont la matière première ne contient aucun de ces éléments indispensables, ne peut que gagner à être fait sur un marc contenant la râfle des raisins. »

Il est essentiel de tenir le *chapeau* noyé dans le vin, la moindre acétification de la partie flottante pouvant gâter toute la cuvée. Il est également recommandé de couvrir les cuves pour empêcher l'accès de l'air; mais pas hermétiquement toutefois, afin que l'acide carbonique que produit la fermentation puisse toujours se dégager.

Il va sans dire que puisqu'on peut transformer le miel en vin, on peut également s'en servir avantageusement pour sucrer la vendange, lorsque cette dernière est pauvre en matière sucrée, ainsi que cela arrive lorsque le raisin a mal mûri. Il est d'usage, dans ce cas, dans certains vignobles, d'y ajouter du sucre pour ramener le moût à la richesse voulue. Or, en substituant le miel au sucre, on ne peut que donner au vin une qualité bien supérieure à celle qu'il aurait acquise avec le sucre seulement. Ajoutons que la fermentation fait disparaître complètement le goût *sui generis* du miel.

Il ne nous reste plus qu'à parler de la quantité de miel à employer. Voici, à cet égard, l'opinion de MM. Sartori et de Rauschenfelds :

La matière sucrée, sous l'action de la fermentation, se transforme par moitié à peu près en alcool. Par conséquent, la quantité de miel à employer doit être proportionnée au degré alcoolique qu'on veut donner au vin de miel. Or une richesse de 10 pour 100 d'alcool étant nécessaire pour un vin de table qui puisse se conserver, il faudra que l'eau contienne 17 pour 100 de miel. Si maintenant on tient compte de l'augmentation de volume qui résulte de l'addition du miel, augmentation qui est d'environ un litre pour deux kilogrammes de miel, on trouvera que, pour chaque hectolitre d'eau, il faudra ajouter 19 kilogrammes de miel La dissolution produit 110 litres d'eau sucrée environ à 17 pour 100, desquels on retirera à peu près 105 litres de vin ayant les 10 pour 100 d'alcool désirés. On pourra régler à volonté, d'après ces proportions, la richesse alcoolique du vin de miel. On n'aura pour cela qu'à faire dissoudre, pour chaque hectolitre d'eau, autant de fois 1 kilogramme 900 grammes de miel qu'on devra obtenir de centièmes d'alcool.

La dissolution du miel doit être faite avec une quantité d'eau suffisante, et elle doit être complète avant que le liquide sucré ne soit répandu sur la vendange. Il reste toujours la ressource d'ajouter après coup l'eau pure qui peut manquer (le brassage de la cuvée suffira pour égaliser la masse). Si le miel n'était pas préalablement dissous, celui qui serait granulé pourrait rester au fond de la cuve et échapper à la fermentation.

Ce vin, auquel les Italiens donnent le nom de vin Petiot, peut, s'il est fait avec soin, devenir excellent sous tous les rapports, surtout si on le laisse vieillir, puisqu'il possède tous les caractères du vin de raisin.

Il va de soi que ce que nous disons du vin de miel fait avec du marc de raisins rouges s'applique également au marc de raisin blanc. L'un donne du vin rouge et l'autre du blanc, avec cette différence toutefois qu'on peut faire deux fort bonnes cuvées avec du marc de raisin blanc, auquel on ne demande pas de la couleur, tandis qu'on ne peut en faire qu'une seule convenable avec du rouge qui, ayant déjà fourni sa couleur au vin de raisin, achève d'être épuisé avec la première cuvée de vin de miel.

IX. — Eau-de-vie et vinaigre. — Il est évident que puisqu'on peut transformer le miel en vin, on peut tout aussi facilement en faire de l'eau-de-vie et du vinaigre. Il suffit pour cela, soit de distiller le vin qu'on a fabriqué, soit de le laisser aigrir. On peut même se dispenser, dans ces deux cas, de faire usage de marc de raisin; car la fermentation alcoolique se produit très bien avec l'eau miellée, surtout si l'on y ajoute un peu de levure de bière. Mais il est évident que la boisson fermentée qu'on obtient ainsi n'acquiert jamais les qualités, en bouquet et en sève, que donne le contact des marcs. Voilà pourquoi il est toujours préférable de faire usage de ces derniers lorsqu'on peut facilement s'en procurer.

Quant aux procédés à suivre pour la transformation en eau-de-vie ou en vinaigre, ils sont les mêmes que ceux dont on fait usage pour les vins naturels. Nous n'avons donc pas à les décrire.

X. — Hydromel. — On fabrique encore avec le miel une liqueur excellente, fort appréciée par les gens du Nord; c'est l'hydromel, qu'on rend plus ou moins alcoolique suivant qu'on emploie peu ou beaucoup de miel. Voici, d'après nous, une des meilleures recettes pour fabriquer cette boisson.

On fait chauffer de l'eau, dans une chaudière en cuivre, jusqu'à 50 ou 60 degrés centigrades. On verse ensuite du bon miel, dans cette eau, dans la proportion de 500 grammes par litre d'eau; soit 50 kilogrammes par hectolitre. On remue continuellement le liquide avec un bâton pour empêcher le miel de se coller au fond de la chaudière. On chauffe lentement jusqu'à l'ébullition, qui ne doit jamais être énergique; aussi doit-on modérer le feu pour empêcher le liquide de monter et de déborder. On enlève continuellement l'écume qui se forme et qu'on met à égoutter sur un tamis. On fait ainsi bouillir, à petit feu, jusqu'à ce que le liquide ait diminué du quart environ. Cette opération, qui est fort longue, dure à peu près quatre heures. On verse ensuite la liqueur dans des vases pour la laisser refroidir; après quoi on la décante dans des futailles pour la soumettre à la fermentation alcoolique, qui dure habituellement de un mois et demi à deux mois.

M. Keller, président de la Société d'apiculture de Vienne (Autriche), recommande d'employer des fûts à vin, en bon état, et récemment vidés. Il préconise également le moût de raisin pour accélérer la fermentation de l'hydromel. Cette fermentation se produit à une température de 15° centigrades. M. Keller recommande aussi, au lieu de couvrir la bonde comme on le fait d'habitude, d'introduire dans le fût un tube en verre, coudé à deux angles droits. Une branche de ce siphon passe à travers un bouchon en liège, qui ferme la bonde, en descendant jusqu'à toucher presque le liquide, tandis que l'autre bout plonge dans un verre rempli d'eau. De cette façon, dit-il, on peut toujours observer la marche de la fermentation et éviter, en outre, une perte d'alcool.

Quoique nous ne partagions pas entièrement l'opinion de M. le docteur Vincent Keller sur ce sujet, le procédé qu'il indique et qui est pratiqué dans le Médoc pour la fermentation des vins dans les cuves, constitue une idée fort ingénieuse qui peut rendre les plus grands services, non seulement à l'apiculture, mais encore à la viticulture pour empêcher les déperditions alcooliques pendant la fermentation.

L'idée de M. Keller, de même que ce qui se pratique dans le Médoc, nous semble vicieuse, en ce sens que, pour empêcher l'évaporation et se donner le plaisir de constater la marche de la fermentation, on paralyse cette dernière, chose qu'on doit éviter à tout prix.

Quels sont, en effet, les phénomènes qui se produisent dans la fermentation alcoolique, soit de l'hydromel, soit du vin? Le sucre et l'eau contenus dans le liquide en fermentation se transforment en alcool, en dégageant de l'acide carbonique qui, étant plus dense que l'air, vient former une couche au-dessus du liquide et ralentir la fermentation elle-même en empêchant le contact du liquide avec l'air. Cette fermentation ne recommence que lorsque, par suite des effets de la transsudation provoquée par les changements de température qui viennent alternativement faire dilater et contracter le liquide, l'acide carbonique se trouve chassé du vase et remplacé par une nouvelle couche d'air. C'est pour accélérer ce renouvellement par l'air de l'acide carbonique dégagé et activer par suite la fermentation, que les vinaigriers ont l'habitude de chasser l'acide carbonique à l'aide d'un soufflet.

Or M. Keller, en faisant plonger la branche extérieure de son siphon de verre dans un vase d'eau, pour constater la marche de la fermentation, empêche la libre entrée de l'air dans le fût et la sortie de l'acide carbonique; d'où ralentissement de la fermentation. Mais si, renonçant au plaisir de constater la marche de la fermentation par les globules d'acide carbonique qui traversent l'eau de son verre, il supprime simplement ce dernier, son système devient parfait pour empêcher l'évaporation alcoolique pendant la fermentation.

Voici, en effet, ce qui se passerait, si un tube droit, ouvert des deux bouts et traversant la bonde du fût, venait s'arrêter à quelques centimètres du liquide :

A la moindre élévation de température, le liquide, en se dilatant, obligerait l'acide carbonique à s'échapper par le tube ouvert. Au moindre abaissement, le liquide, en se contractant, laisserait entrer l'air dans la futaille. En d'autres termes, la transsudation, au lieu de s'établir à travers les pores du bois, ce qui a lieu lorsque la bonde est hermétiquement fermée, s'effectuerait par le tube, qui fournirait ce double résultat: 1° les vapeurs alcooliques, reléguées contre les parois supérieures du fût et la couche d'acide carbonique, ne pourraient s'échapper, puisque l'orifice de la bonde se trouve hermétiquement fermé par un bouchon de liège traversé par le tube; 2° quoique la bonde du fût soit fermée et de laisse pas s'échapper les vapeurs alcooliques, le renouvellement de l'air dans la futaille, indispensable pour la fermentation, s'effectuerait tout aussi bien que si l'ouverture du fût demeurait grande ouverte.

Entre les deux cas, il n'existe que cette différence, c'est que dans l'un l'acide carbonique se trouve refoulé dans le tube plongeur par l'air et les vapeurs alcooliques qui surnagent au-dessus de l'acide carbonique et ne peuvent s'échapper, tandis que, dans l'autre cas (celui où la bonde est ouverte), les vapeurs alcooliques sortent les premières du fût, en y laissant l'acide carbonique qui déborde en même temps par le même orifice. Il y a là une question fort intéressante sur laquelle nous croyons devoir appeler l'attention, non seulement des fabricants d'hydromel, mais encore des viticulteurs.

Quoi qu'il en soit, lorsque la fermentation de l'hydromel est terminée, c'est-à-dire après un mois et demi ou deux mois, on ouille comme pour le vin et on bonde la futaille. Ajoutons qu'un hydromel, pour acquérir toutes les qualités qui lui sont propres, doit au moins avoir de quatre à cinq ans, après quoi on peut le mettre en bouteille.

XI. — Fabrication de la cire. — La question qui se rapporte aux miels étant épuisée, il ne nous reste plus qu'à parler de la fabrication de la cire, qui n'est que secondaire, en apiculture mobiliste, puisque ceux qui se livrent à ce genre de culture conservent, pour les faire servir à nouveau, tous les rayons à cellules d'ouvrières. On ne livre donc à la fonte que les rayons brisés ou ceux qui sont à rayons de mâles. Voilà pourquoi, encore une fois, la fabrication de la cire est ici absolument secondaire; aussi engageons-nous ceux qui voudraient faire de l'apiculture mobiliste à se dispenser d'acheter de puissantes presses à miel; ces presses ne pouvant être fructueusement utilisées que par les apiculteurs fixistes, qui sont impuissants à extraire le miel sans briser les rayons.

Nous nous bornerons donc à indiquer un moyen fort simple et des plus primitifs pour fondre le peu de cire qui provient des rayons brisés par maladresse ou qui contiennent des cellules de mâles.

1° Il est d'abord indispensable de bien enlever le miel des débris de rayon qui, vu leur exiguïté, ne peuvent passer à l'extracteur. A cet effet, on les place dans un sachet en toile, après les avoir préalablement écrasés. On suspend ensuite en l'air le sachet, qu'on expose, soit devant le feu, soit à l'ardeur du soleil, en ayant le soin de placer un vase au-dessous pour recevoir le miel qui coule.

Quelques apiculteurs font usage de mellificateurs solaires. Voici la description d'un de ces mellificateurs, inventé par M. Baudet, de Lyon, et que M. Hamet, apiculteur fixiste, préconise à juste titre :

« Ce mellificateur, dit M. Hamet, est composé de deux burettes superposées. La burette supérieure ferme au moyen d'un couvercle vitré ; elle est garnie au bas d'une toile métallique galvanisée qui sert à filtrer le miel. La burette inférieure est une sorte de bidon qui reçoit le miel au fur et à mesure qu'il tombe de la burette supérieure, lorsque ce mellificateur est exposé au soleil. »

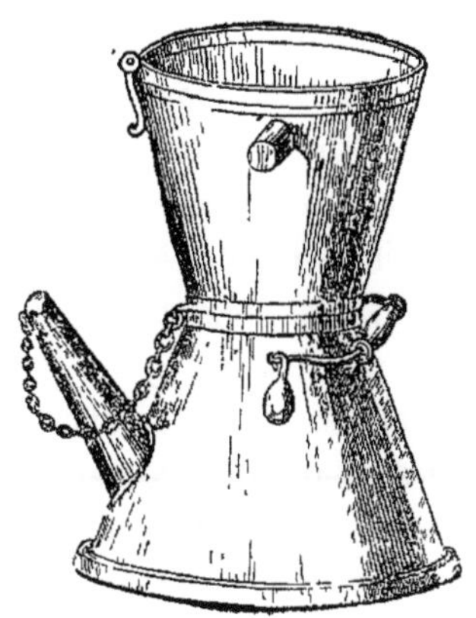

Lorsque la cire est bien égouttée, on la lave en l'exprimant dans l'eau avec les mains. Il ne reste plus ensuite qu'à la faire fondre. Voici comment on procède à cette opération :

2° On place la cire dans un petit sac en grosse toile qu'on ficelle solidement et qu'on attache à une pierre, On plonge le tout dans une chaudière à moitié remplie d'eau, qu'on met sur un fourneau. La pierre qui sert de lest au sac, maintient ce dernier dans l'eau sans l'obliger à toucher le fond de la chaudière ; ce qui exposerait la cire à prendre un coup de feu, toujours nuisible à sa qualité. On chauffe jusqu'à l'ébullition, sans toutefois trop forcer cette dernière. Après une demi-heure d'ébullition, la cire, qui s'est fondue, est en partie sortie du sac et surnage au-dessus de l'eau. On retire alors le sac de l'eau et on l'exprime tivement entre deux planches pour forcer ce qui peut rester de cire dans l'intérieur à sortir. Pendant qu'on exprime le sac, un aide doit verser sur ce dernier de l'eau bouillante pour empêcher qu'il ne se refroidisse avant que toute la cire ne soit sortie. On jette dans la chaudière les écailles de cire dont le sac est recouvert, et on retire la chaudière de sur le feu pour laisser refroidir l'eau et la cire, qu'on enlève ensuite pour la mettre quelques instants à égoutter.

3° Il ne reste plus qu'à épurer et à mouler la cire. A cet effet on la fait refondre au bain-marie et on la maintient en fusion pendant deux heures environ, pour donner le temps aux impuretés de se séparer de la cire et de tomber au fond du vase, pour former ce qu'on est convenu d'appeler *le pied de la cire.* (La cire en fusion ne doit jamais arriver à l'ébullition sous peine de prendre un coup de feu, fort nuisible à sa qualité.)

On la décante ensuite dans des vases en terre vernie destinés à servir de moule, en évitant de laisser couler *le pied.* Ces moules doivent être préalablement frottés intérieurement avec de l'huile ou un autre corps gras, pour que les pains de cire puissent facilement s'en détacher après leur refroidissement, qui doit s'effectuer dans un appartement chauffé à une forte température. Cette élévation de température est nécessaire pour empêcher les pains de cire de se crevasser et de former des creux; ce qui se produirait infailliblement si le refroidissement s'opérait d'une façon trop brusque. Il suffit, lorsque la cire est froide, de renverser le moule pour l'en détacher.

SUPPLÉMENT

JURISPRUDENCE APICOLE

I.

La loi du 29 septembre 1791 dispose que :

Le propriétaire d'un essaim a droit à le réclamer et de s'en saisir tant qu'il n'a pas cessé de le suivre, autrement l'essaim appartient au propriétaire du terrain sur lequel il est fixé.

Les ruches d'abeilles ne peuvent être saisies ni vendues pour contributions publiques, ni pour aucunes causes de dettes, si ce n'est par celui qui les a vendues ou celui qui les a concédées à titre de cheptel ou autrement.

Pour aucunes causes, il n'est permis de troubler les abeilles dans leurs courses et travaux; en conséquence, même en cas de saisie légitime, les ruches ne peuvent être déplacées que dans les mois de décembre, janvier et février.

II.

« Le tribunal correctionnel de Foix, dit *le Droit*, a jugé, le 14 janvier 1876, que les abeilles sont des animaux sauvages; que, par suite, le fait de détruire des abeilles ne constitue pas le délit prévu par l'art. 454 du Code pénal.

« Le ministère public ayant relevé appel de ce jugement, à l'audience du 3 mars 1876, la Cour a confirmé la décision des premiers juges en ce qui concerne le caractère des abeilles. Mais elle a retenu le fait, comme pouvant constituer la contravention prévue par l'art. 479-1° du Code pénal, qui punit le dommage volontairement causé aux propriétés mobilières d'autrui, hors les cas prévus par les dispositions du même Code, que l'art. 479 énumère.

« Les ruches à miel sont bien classées, par l'art. 524 du Code civil, parmi les objets auxquels la loi attribue le caractère d'immeuble par destination, selon le point de vue sous lequel ils sont considérés. C'est ainsi que les objets énumérés dans l'art. 524 ne sont immeubles par destination, qu'autant qu'ils ont été placés par le propriétaire d'un fonds sur ce fonds lui-même, pour son service et son exploitation.

« Or, les ruches détruites appartenaient, par indivis, aux époux Maury et aux héritiers Mousareau, et se trouvaient sur le fonds de ces derniers. Dès lors, elles pouvaient être réputées immeubles par destination à l'égard des héritiers Mousareau; mais à l'égard des époux Maury, n'ayant pas été attachées au fonds leur appartenant dans les conditions déterminées par la loi civile, elles avaient le caractère d'objets mobiliers, et la destruction de ces ruches est un fait qui peut tomber sous l'application de l'art. 479-1° du Code pénal.

« C'est ce qui a été décidé par la Cour de Toulouse, qui, voulant s'éclairer sur le fait et ses circonstances, a ordonné que des témoins seraient cités et entendus à l'audience du 30 mars. »

FLORE APICOLE FRANÇAISE.

Nomenclature alphabétique et par saisons des principales fleurs mellifères ou à pollen sur lesquelles butinent les abeilles.

FLEURS DE PRINTEMPS.

Abricotiers.
Amandiers.
Butome ombellé, vulgairement désigné sous les noms de Butome en ombelle, de jonc fleuri, etc.
Cerisiers.
Consoudes ou symphites.
Fraisiers.
Glycine ou wisterie de la Chine.
Marronniers.
Navette.
Paulownia impérial.
Pêchers.
Pommiers.
Pruniers.
Robinier faux acacia, plus vulgairement connu sous les noms d'acacia blanc, d'acacia commun.
Roses.
Sureau.
Tilleul.
Véronique.
Vipérine.

FLEURS D'ÉTÉ.

Ajonc épineux.
Asclépiade de Syrie, connue sous les noms de coton sauvage, d'Apacyn à ouate, d'herbe à la ouate, de plante à soie, d'herbe à soie.
Bourrache.
Châtaigniers.
Colza.
Héliotrope.
Lavande.
Luzerne.
Mélilot.
Mélisse.
Pouillot-Thym.
Réséda.
Rose trémière ou alcée, passe-rose, bourdon de Notre Dame, etc.
Sainfoin.
Sarrasin ou blé noir.
Sarriette des montagnes, plus connue sous les noms de Sarriette vivace, de Savouré, de Sadre, d'Ajedréa, de Timbra, etc.
Sauge silarée, plus connue sous le nom d'Orvale, de Toute-Bonne, etc.
Saule blanc ou Saule commun.
Thym.
Trèfle.
Viorne laurier Tin.

FLEURS D'AUTOMNE.

Aster multiflore.
Bruyère (*commence en été*).
Hélianthe, tournesol, vulgairement nommé fleur du soleil, grand soleil, tournesol des jardins, hélianthe annuel, etc.

FIN

TABLE ANALYTIQUE

Introduction. 1

LES ABEILLES

I. Des abeilles en général. 15
II. Parties externes du corps. 16
III. Parties internes du corps. 19

PHYSIOLOGIE DES ABEILLES

I. Métamorphoses des abeilles. 27
II. Les mâles. 29
III. Les ouvrières. 31
IV. L'abeille-mère 65

MALADIES DES ABEILLES

I. Énumération des maladies. 74
II. Le vertige. 75
III. La constipation. 76
IV. La dyssenterie 77
V. Mortalité du couvain. 78
VI. La loque 80
Ennemis des abeilles. 95

LES RUCHES A CADRES MOBILES

I. Choix d'une ruche 97
II. Ruches verticales. 100
III. Ruches horizontales 101

IV. Ruches mixtes 102
V. Ruches à bâtisses chaudes. 104
VI. Ruches à bâtisses froides 104
VII. Ruches à plafond mobile. 105
VIII. Aération 106
IX. Ruche Dzierzon. 108

ORGANISATION DU RUCHER

I. Installation du rucher. 117
II. Exposition des ruches. 117
III. Distance des ruches entre elles. 117
IV. Achat d'essaims 118
V. Transport des ruches communes 120
VI. Enfumage, aspersion, tapotement. 122
VII. Changement de logement des abeilles 125
VIII. Manière de faire arrêter un essaim. 130
IX. Cueillette d'un essaim à la branche. 131
X. Cueillette d'un essaim posé contre un tronc, contre un mur ou par terre. 133
XI. Anesthésie des essaims naturels difficiles à recueillir 133
XII. Manière d'amorcer les cadres. 134

CONDUITE DU RUCHER

I. Désignation généalogique des mères. 136
II. Tableau apicole. 140
III. Inspection générale du rucher. 142
IV. Visite intérieure des ruches. 145
V. Agrandissement de la chambre à couvain et du grenier à miel. . . 147
VI. Réunions. 150
VII. Alimentation 154
VIII. Permutations. 160
IX. Addition de couvain et de jeunes abeilles. 162
X. Apiculture pastorale (transport des ruches à la bruyère). 164

ESSAIMS ARTIFICIELS

I. Considérations générales. 166
II. Essaimage artificiel avec permutation de ruches. 167
III. Essaimage artificiel par progression 170
IV. Rayons artificiels. 174

ITALIANISATION DU RUCHER

I. Les abeilles italiennes 176
II. Adoption des mères étrangères fécondées 178

SÉLECTION APICOLE

I. Théorie de Darwin appliquée à l'apiculture 183
II. L'hérédité 184
III. Age des mères 185
IV. Grandeur des alvéoles maternels 185
V. Quantité de nourriture 185
VI. Beauté des sujets 187
VII. Couveuse apicole 187
VIII. Adoption et fécondation des reines vierges dans des ruchettes . . . 189

TRAVAUX APICOLES D'AUTOMNE

I. Provisions d'hiver 191
II. Récolte 193
III. Mello-extracteur 194
IV. Extracteurs à disques 197
V. Triage et conservation des cadres à brèche 200
VI. Hivernage 202
VII. Conservation du miel 203
VIII. Vin de miel 206
IX. Eau-de-vie et vinaigre 210
X. Hydromel 210
XI. Fabrication de la cire 213

SUPPLÉMENT

Jurisprudence apicole 216
Flore apicole française 218

A. Quantin imprimeur
r. S. Benoit, 7 à Paris

www.ingramcontent.com/pod-product-compliance
Ingram Content Group UK Ltd.
Pitfield, Milton Keynes, MK11 3LW, UK
UKHW012025240726
13965UKWH00002B/581

9 782012 938236